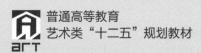

普通高等教育
艺术类"十二五"规划教材

家具设计

+ 主云龙 编著 +

FURNITURE DESIGN

人民邮电出版社

北 京

图书在版编目（ＣＩＰ）数据

家具设计 / 主云龙编著. -- 北京 ：人民邮电出版
社，2015.9（2021.12 重印）
普通高等教育艺术类"十二五"规划教材
ISBN 978-7-115-40140-3

Ⅰ．①家… Ⅱ．①主… Ⅲ．①家具－设计－高等学校
－教材 Ⅳ．①TS664.01

中国版本图书馆CIP数据核字(2015)第215944号

◆ 编　　著　主云龙
　　责任编辑　刘　博
　　责任印制　沈　蓉　彭志环

◆ 人民邮电出版社出版发行　　北京市丰台区成寿寺路 11 号
　　邮编　100164　电子邮件　315@ptpress.com.cn
　　网址　http://www.ptpress.com.cn
　　北京瑞禾彩色印刷有限公司印刷

◆ 开本：787×1092　1/16
　　印张：11.25　　　　　　　　2015 年 9 月第 1 版
　　字数：260 千字　　　　　　2021 年 12 月北京第 10 次印刷

定价：49.80 元

读者服务热线：(010)81055256　印装质量热线：(010)81055316
反盗版热线：(010)81055315

　　家具制造是人类最古老的行为活动之一，与人们的生活息息相关。随着社会的不断进步，家具也在随之发展。经过数千年的变化，家具早已不再是简单的提供人们舒适和方便的生活环境的功能物品，而是已经具备了丰富的信息载体功能。它是一种文化形态，综合体现了社会发展各个历史时期以及各民族地区的审美意识、文化传统、科技水平、经济水平和功能需求等因素。

　　家具设计不仅涉及物品本身，更与室内、建筑等学科关系密切。家具也是室内外装饰设计中的重要组成元素。家具设计有其自身的构成规律及设计原则，在空间上它要服从环境的整体审美要求，在使用方面它又必须符合功能性原则。

　　本书共分为6章，结合大量图例详细介绍了家具的概念、家具的样式风格、家具的结构工艺与类型、家具的人体功能尺度、家具造型设计、家具开发的原则等，并对家具的实际案例从多角度进行了分析。本书通过引导案例引入每章的知识点，既有理论指导性，又有设计的针对性，适应性较强，锻炼学生的设计思维和能力，符合现代教育的发展趋势。希望本书能为高等院校艺术设计相关专业的学子提供参考，启发和培养家具设计人员的创新意识和创新能力。

　　感谢为本书提供帮助的天津工业大学刘静宇老师，天津美术学院杨旸老师以及天津美术学院产品设计系的师生。

　　由于书中涉及的知识面较宽，而作者水平有限，本书不足之处，敬请读者指正。

编著者

2015年8月

配套资料索取说明

购买本书的读者可在www.ptpedu.com.cn注册后下载配套学习资料。

采用本书授课的教师，可发邮件至liubo@ptpress.com.cn或31904176@qq.com索取配套教学资料。

第1章　家具概论......1

第2章　家具材料..................................24

第3章　家具接合方法 .... 36 ▪▪▪▪

第4章　家具艺术风格的演变......................46

第5章　家具造型设计 81

第6章　家具开发实务 149

第 1 章

家具概论

家具设计属于艺术设计领域，也属于工业设计的范畴。家具展现在人们面前的是一个具有一定形状的物体，由形体的基本构成要素组成，就是点、线、面、体四个基本要素。

引导案例

图 1-1 所示为椅子的设计。设计者通过对单一形体的连续组合，使之形成有规律的重复，体现出一种带有韵律的美感。单一形体之间用金属连接件连接，各个单体之间可合可分，在整体统一的基础上可呈现出不同的视觉效果。在家具的表面处理上，设计者通过不同色相之间的色彩搭配，为这件家具带来了一种有组织的变化的美感。

图 1-1

1.1 家具的概念

设计概念就是反映对具体设计的本质思考和出发点，设计的意义是指设计的内容和意图。设计概念的形成是在从感性认识上升到理性认识的过程中，把握设计的本质。由于设计者对设计概念的运用和把握不同，因而形成不同风格的设计。

设计意义则是综合表达了设计的构思，物质材料的选用以及色彩、材质、造型、空间等要素，以直观的形态展现在人们面前的具体造型。

■ 1.1.1 家具的原始概念

家具设计的原始概念也可以说是人的本能需求，它更多的表现为"共同性""普遍性"和"通用性"。坐具需要具有一定的高度、宽度和深度，储藏类家具需要一定的空间，由此而产生的具有长、宽、高三度空间的形状和造型，我们称之为家具的原始概念。所以说，实用性始终是家具设计的基本出发点，如果使用功能不合理，即使造型再美观，也是不能使用的。

■ 1.1.2 家具设计的精神概念

所谓精神，是指人的意识、思维活动和心理状态，家具设计的使用功能既包含了物质方面也包含了精神方面，使之可以表达人的情感和情绪，如图 1-2、图 1-3 所示。

图 1-2 所示为清代紫檀木雕云龙纹宝座，中国皇室家具多以硬木（花梨、紫檀、红木等），

大漆等贵重材质制作，造型端庄，比例适度，再饰以烦琐的雕刻和华丽的装饰，以充分体现皇权的至高无上，这里家具的"精神"功能得以淋漓尽致地表达和发挥。

图 1-3 所示为巴洛克风格的家具，它采用了花样繁多的装饰，大面积的雕刻、金箔贴面、座椅上大量应用纺织面料包裹，形式与装饰极为豪华，体现出一种高格调的贵族化式样，给人以精神上的享受。

██ 1.1.3　家具设计的形体概念

家具展现在人们面前的是一个具有一定形状的物体，是由形体的基本构成要素组成的，也就是点、线、面、体四个基本要素。点、线、面是依附于体而存在的，体又是由面组成的，面与面的交接处又形成线，所以在家具造型中，要综合考虑和巧妙处理这些形态，许多家具就是因点、线、面、体之间的配合和处理得当而受到人们喜爱的，如图 1-4、图 1-5 所示。

图 1-2　清代紫檀木雕云龙纹宝座

图 1-4　椅子造型（1）

图 1-3　巴洛克风格的家具

图 1-5　椅子造型（2）

图 1-4 所示的座椅靠背以大量的线性设计元素进行穿插，为椅子的整体造型带来了视觉的突破，而线与线之间的虚空又可以视为整体造型中的"点"，借助实体的线与虚体的点形成"点"与"线"的对比和"虚"与"实"的变化。整件家具在整体的基础上通过不同的设计元素体现出活泼、变化之感。

■■ 1.1.4 家具设计的美学概念

家具是一种具有实用性的艺术品，既有科学技术的一面，也有文化艺术的另一面。两者的比重根据不同的家具特点而有所不同。有时更多地偏重于科学技术，有时更多地偏重于艺术。既然家具有艺术的特性，家具设计者就应当研究和探讨美学在家具设计中的作用和如何应用，以此逐步提高设计者的艺术修养。就家具设计而言，则应着重去研究关于形式美的内容和法则。形式美的内容包括家具的形体美、材料的质感美以及色彩等。形式美的法则主要有：比例与尺度、对称与均衡、统一与对比、节奏与韵律、稳定与轻巧、模拟与仿生等。

■■ 1.1.5 家具设计的技术概念

家具是工业产品，形成一件家具依靠一定的物质材料以及加工材料时所掌握的技术手段和加工工艺，从一定意义上说，这些是形成家具的物质技术基础，如图 1-6 所示。虽然设计者和使用者有了很好的构思想法和使用要求，但如果不了解和研究家具制作中的材料和加工工艺，那也只是停留在纸面和口头上。因而家具设计的技术是为创作家具服务的。

图 1-6 空间隔断

图 1-6 所示的这件作品的流线型态超越了传统木材工艺的局限，使材料与先进的加工技术相结合。将高雅与精确、工艺品创造与机械化生产相互联系。

1.2 家具与室内环境的关系

家具是室内设计中的一个重要组成部分。室内设计的目的是创造一个更为舒适的工作、学习和生活的环境，在这个环境中包括着顶棚、地面、墙面、家具及其他陈设品，而其中家具是陈设的主体。

家具具有两个方面的意义：其一是它的实用性，在室内设计中与人的各种活动关系最密切的、使用最多的就说是家具。其二是它的装饰性，家具是体现室内气氛和艺术效果的重要角色。一个房间，几件家具（是指成套的而不是七拼八凑的）摆放在其中，基本就定下了主调，然后再按其调子辅以其他陈设品，就构成室内环境。

■■ 1.2.1 组织空间

在一定的空间环境中，人们从事的活动或生活方式是多种多样的，也就是说在同一室内空间中要求有多种使用功能，而合理的组织和满足多种使用功能就必须依靠家具的布置来实现，尽管有些家具不具备封闭和遮挡视线的功能，但可以围合出不同用途的使用区域和人们在室内的行动路线，如图 1-7、图 1-8 所示。

图 1-7 公共空间

图 1-8 咖啡厅

图 1-9 办公空间

图 1-10 样板间设计

图 1-8 所示为咖啡厅设计，在空间内部利用火车厢式的座位，可以围合出若干个相对独立的小空间，以营造相对安静的用餐环境。由于都采用相对分隔，才保证了视觉最大程度的通透性。这种家具的选择既保证了用餐的独立型、安静型，又保证了空间的流通性。

■■ 1.2.2 分隔空间

在现代建筑中，为了提高室内空间使用的灵活性和利用率，建筑常以大空间的形式出现，如具有共同空间的办公楼、具有灵活空间的单元住宅等。这类空间为满足使用功能的需要通常由家具对空间进行分隔，选用的家具一般具有适当的高度和视线遮挡作用。

在一些住宅中，使用面积是极其宝贵的，如果用自定的隔墙来分隔空间，必将占去一定的有效使用面积。因此利用家具分隔空间，可以达到一举两得的目的。作为分隔用的家具既可以是半高活动式的，如活动屏风，也可用柜架做成固定式的。这种分隔方式既能满足使用要求，在空间造型上体现极其丰富的变化，同时又可获得许多有效的储藏面积，如图 1-9、图 1-10 所示。

图 1-9 所示为办公空间，选用了具有适当的高度和视线遮挡作用的隔断式办公家具，赋予每位员工属于个人的小空间，具有打字、写字、计算机操作、文件储藏等功能；同时这种家具减少了大空间的视线的干扰，充分体现了个人

的自主性，有利于提高工作效率，又不妨碍相互间的联系，适合快节奏、高效率的现代工作环境要求。

◼◻ 1.2.3 填补空间

在空间组合中，经常会出现一些尺度低矮的犄角旯旮难以正常使用的空间，但经过布置合适的家具后，这些无用或难用的空间就可以利用起来了，如图 1-11 所示。

图 1-11 所示是坡屋顶住宅中的屋顶空间，其边缘是低矮的空间，我们可以布置床和沙发来填补这个空间。因为这些家具为人们提供低矮活动的可能性，而靠墙的书柜既有装饰性还可做储藏之用。

图 1-11 别墅二楼书房

◼◻ 1.2.4 塑造空间

家具的存在塑造了室内空间形态，通过众多家具的精心设计组合就构成了环境。室内设计最基本的内容之一就是家具设计。例如通过一组书柜的设计改变原有的墙体形态，使墙体有了深度方向的层次与变化，如图 1-12 所示；同样是具有睡眠功能的卧室，由于选用的床具类型不同，室内空间的形态构成会产生明显的变化。由此可见，家具形态组织成为室内整体构图中的重要环节。

◼◻ 1.2.5 优化环境

当前，追求生存环境的优化已成为时代的主旋律。而家具作为室内环境的一个重要组成部分，是人类生活必不可少的物质，从不同角度反映人类文明的进步程度，在设计家具的时候，人们更要考虑优化环境，将环保因素纳入到家具设计中，将环境性能作为家具设计的目标和出发点，力求使家具对环境产生的负面影响降到最小，如图 1-13、图 1-14 所示。

图 1-13 所示是利用废旧报纸设计成能让你坐在上面的一把凳子。这种设计的美丽通过废

图 1-12 天津美术学院学生设计作品

旧报纸的再利用而创造，没有任何的附加装饰，是环保意识的重要体现。

图 1-14 所示为废弃的木材重新利用，也是一种资源的再生创意。

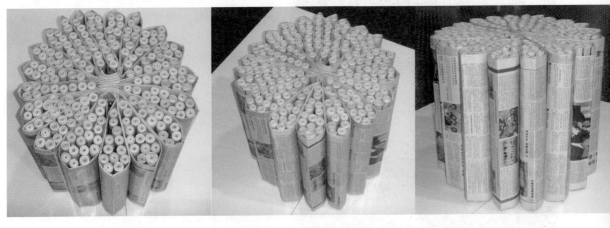

图 1-13 凳子

图 1-14 拯救你的旧椅子

1.3 家具的分类

家具设计随着人们生活的不断变化以及家具的进一步发展，其分类越来越细致，以满足各种不同的需求。因此，从多角度对现代家具进行分类十分必要，以便加深对家具体系的认识。

■■ 1.3.1 按家具的基本功能分类

按照基本功能分类，即按照家具与人体的

关系和使用特点进行分类。

1. 支承类（坐卧类）家具

支承类家具又称坐卧类家具，包括椅、凳、沙发、床等满足人们坐、卧、躺等行为要求，能支撑人体活动的家具。支承类是家具中最古老、最基本的家具类型，它是与人体接触面最多、使用时间最长、使用功能最多的家具类型，造型也最为丰富，如图 1-15 所示。

人体的作用，但在人们的生活和工作也是不可或缺的。它包括书桌、餐桌、电脑桌、写字台、讲台、几案等。同时此类家具还兼有陈放、储存物品的功能，如写字台的脚柜、抽屉可以储存一些学习用品和书籍资料；餐桌台面可以放置物品等，如图 1-16、图 1-17 所示。

图 1-15 珐琅绣墩

小贴士：

珐琅英文名叫"enamel"，在南方俗称"烧青"，在北方俗称"烧蓝"，主要分为画珐琅、内填珐琅、掐丝珐琅三种。掐丝珐琅在中国也叫作"景泰蓝"。这三种珐琅中，工艺难度及级别最高的当属画珐琅，珐琅表中的珐琅彩基本上是画珐琅。

珐琅制品是使用金、银、铜等金属制胎，采用石英、长石、硼砂等矿物质配制成的珐琅釉料细磨成粉状颜料，在金属胎上绘彩部分（俗称开光部分）精细手绘事先设计好的图画，然后放入高温窑炉中经 800℃炉火反复多次高温烧结，最后出炉而制成的精美的艺术品。珐琅色彩非常绚丽，具有宝石般的光泽和质感，耐腐蚀、耐磨损、耐高温，防水防潮，坚硬固实，不老化不变质，历经千年而光色不变。可以说，珐琅在珠宝中的表现力是最强的，形、色、光俱佳，且永不褪色，历久弥新，既实用又保值。

2. 凭倚类家具

凭倚类家具顾名思义，它不起到主要支撑

图 1-16 厨房桌

图 1-17 组合桌

3. 储存类家具

储存类家具是指存放物品用的家具，如各种储物柜、书架、衣柜等。这类家具与人体产生间接的关系，所以在设计中还是要考虑人体活动的范围来确定尺寸和造型，如图 1-18 所示。

蚁尚

图 1-18　蚁尚 2（天津美术学院学生宣雪娇设计）

设计说明： 由于社会形势变化、房价过高、大学生就业观念滞后等原因，在大城市中逐渐出现一个特殊的群体——青知"蚁族"。青知"蚁族"群体在全国已有上百万的规模，他们拥有名牌大学的高学历，却被社会定位为"高智商、低收入、群居的弱势群体"。他们居住在合租房或者胶囊公寓中，被称为蚁穴。这一款系列家具的适用人群定位就是青知"蚁族"，他们的收入和居住条件也许无法购买昂贵华丽的家具，但是因为他们自身所具备的素质就注定了他们对生活品质具有一定的追求。

根据对这类人群的居住条件和生活习惯的分析而设计的这款储物架，其主要特点即是可拆卸并且随意组装。在大城市为梦想打拼的青知"蚁族"们大多没有一个固定的居所，他们的居住地随着工作的变动而变动，家具的搬运肯定是件令人头疼的事。这款储物柜可拆卸便于搬运，可以陪着他们转战各个地方，陪他们一起为梦想打拼。另外储物架上的麻布部分可随意变换造型，以缓解人们长期面对一件物品的审美疲劳。它也不失为一件尚雅之品。

4. 其他类

生活中还有一些其他类型的家具，如屏风、衣帽架等。

■ 1.3.2　按家具的基本品种分类

1. 椅凳类家具

椅凳类家具是指各种类型的椅子、凳子和沙发，如图 1-19 所示。

图 1-19 "合礼"座椅(天津美术学院学生王周琪设计)

设计说明：随着时代的变迁，关于长幼之间的礼仪渐渐被忘却，人们希望通过对坐的设计去寻求一种坐的方式，来强调长幼之间的礼节。设计者把座椅当中可抽出的凳子给幼者坐，通过这种坐的方式传承中国礼节。古语云，"长者立，幼勿坐，长者坐，命乃坐"，正是强调长者的身份及合礼。

图 1-20 屏椅(天津美术学院学生王周琪设计)

设计说明：屏椅造型主要是运用线构成，

将座椅与屏风相结合，结合插屏的形式，其靠背可拆卸，而以往屏风主要起分隔空间的作用，更强调屏风装饰性的一面，红线在中国具有暗中牵系缔结婚姻或媒约的寓意，由红线编织屏与屏风本身的意义形成反差，营造出"隔而不离"的效果，不锈钢材料，加上静电喷涂，形成传统与现代的融合，目的是强调其本身的艺术效果，如图 1-20 所示。

2. 柜类家具

柜类家具是指各种类型的衣柜、书柜、文件柜、食品柜、书柜、杂物柜等柜类家具，如图 1-21 所示。

图 1-21 起风了(天津美术学院学生谢潇设计)

设计说明：这组家具灵感来源于日本动漫大师宫崎骏封笔之作《起风了》。设计者力图将家具形态拟人化，并赋予其一种特定的感情色彩，让家具与人产生联系和微互动。同时，采用了原木与磨砂玻璃两种材质的结合，这些都体现了作者对于生命力的追求和自然态的欣赏，也表达了憧憬逆风中人们相拥相爱一起前进的美好愿望。

3. 几桌类家具

几桌类家具是指各种类型的茶几、桌几、花几、书桌、餐桌、会议桌等几桌类家具，如图 1-22 所示。

使用功能结合等，如图 1-23 所示。

图 1-22 桌椅板凳（天津美术学院学生刘佳佳设计）

图 1-22 所示是一款不同材质相结合的现代简约型餐桌椅。不锈钢的金属感和透明材质的透亮给人以干净时尚的感觉，且易于清洗打理。

4. 床类家具

床类家具是指各种类型的床，有单人床、双人床、折叠床、儿童床、医疗床、双层床等。

1.3.3 按家具的使用功能数目分类

1. 单用家具

单用家具是指仅满足单一的使用功能的家具，如书桌、座椅。

2. 两用家具

两用家具是指能满足两种使用功能的家具，如写字台与书柜结合、沙发与床结合、游戏和

图 1-23 双子座（天津美术学院学生刘佳佳设计）

设计说明：此款儿童座椅主要针对 3~10 岁儿童，从趣味以及逆向思维的角度出发，简单的结构也能满足儿童的认知需求，此产品主要是基于弥补儿童产品功能单一的缺点而设计的，推车状态下儿童可以将玩具放入推车中，集功能、美观与环保于一身。

3. 多用家具

多用家具是指能满足三种或三种以上使用功能的家具，如图 1-24 所示。

图 1-24

■■ 1.3.4 按家具的使用环境分类

现代家具的使用范围已经有了极大的拓展，它们已经从传统的"家居"环境中延展开来，被广泛地使用于各种公共场所甚至户外，这里根据家具的不同使用场所进行分类。

1. 民用家具

民用家具是指在家庭环境中使用的家具，是与人们日常生活紧密相关的家具，也是类型最多、品种复杂、样式丰富的基本家具类型。按照住宅空间的不同可细分为客厅家具、卧室家具、儿童家具、卫浴家具、整体厨房家具等，如图 1-25 所示。

2. 公共家具

公共家具是指在特定的环境中使用的家具，如办公家具、商业家具、剧院家具、会展家具、医院家具、旅馆酒店家具等。它追求整体艺术效果，常采用高强度、耐磨损材料，易拆装组合，如图 1-26、图 1-27、图 1-28、图 1-29 所示。

图 1-25　卫浴家具

图 1-27　公共座椅

图 1-26　公共座椅

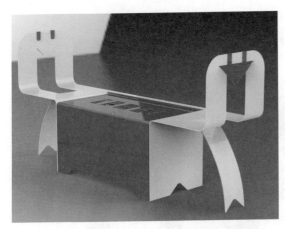

图 1-28　"面对面"（天津美术学院学生刘思文设计）

设计说明： 这款座椅看上去是对面而坐，也可以并排而坐。它的造型看起来像是一座桥梁，它在城市里忙碌的节奏中连接着人们的心灵，沟通着人与人之间的思想与情感。

图 1-29　懒人椅（天津美术学院学生任敬涛设计）

设计说明： 此设计考虑到当人们走路累了想休息的时候，手上正好有垃圾，如喝完的饮料瓶或包装纸，可以不用起身去远处的垃圾箱，随手就可以把垃圾扔在座椅自带的垃圾箱里。垃圾箱的体积小，封闭的设计不会造成垃圾的堆积和异味的散发。

3．户外家具

户外家具泛指供室外或半室外的阳台、平台使用的桌、椅等家具。要求与外环境的风格和功能相结合，具有抗拒外界气候条件的特性，如图 1-30 所示。

■■ 1.3.5　按家具的原材料分类

不同的材料有不同的性能，家具可以用单一的材料制成，也可以由多种材料制成，这里按照构成该家具的主要材料来分类。

1．木质家具

木质家具在人类家具的文化中，占有重要的一席之地。木材具有天然的纹理，表面可涂饰各种油漆，材质的特性可以制作出各种不同的风格和造型。木质材料导热慢、柔韧性好、触感舒适，因此成为家具设计的首选材料。常见木质家具有板式家具（见图 1-31）、实木家具（见图 1-32）和曲木家具。

图 1-30　户外家具

图 1-31　板式家具

图1-32　支点椅

图1-31所示的整体橱柜属于板式结构，也就是用"三合一"连接件进行组装。各个柜体之间联系机密，属于实用性很强的家具。在不影响使用和整体造型的条件下，各个柜体之间在色彩及造型统一的基础上通过大小及方向性的对比手法进行组合。既丰富了外部形体，又有很强的实用性和整体性。

图1-32所示的这件作品是将传统长凳进行变形设计，六组支点组成一个曲面，在运动中求得平衡面，平衡的转移又形成曲线，趣味性与动态感十足。

曲木家具主要是用木单板或多层胶合板经涂胶、组坯，高温软化后在模具中弯曲胶合成型。这类家具线条流畅、简洁明快、轻巧修理、变形小、可拆装、省工省料，具有独特的美感，如图1-33所示。

图1-33　曲木家具

设计说明：这件作品其本身造型非常简单而且现代，靠背和座面是由一次模压弯曲成型的胶合板制成的，曲线流畅而优美。四个涂成黑色的锥形椅腿呈八字形支撑座面。靠背和座面中心分别是一个拟人化的太阳，光芒四射，"照耀"着整个椅面。给人以强烈的视觉冲击力。

2. 玻璃家具

玻璃是一种人造材料，具有光滑透明的材质美感。玻璃家具一般采用高硬度的强化玻璃，其清晰度高出普通玻璃 4~5 倍。高硬度的强化玻璃坚固耐用，能承受常规的磕碰挤压，而且能承受和木质一样的重量，如图 1-34 所示。同时它还可以与金属、木材等相结合，以增加家具的装饰性，如图 1-35 所示。

3. 软体家具

软体家具：主要是指以海绵、织物为主体的家具，包括休闲布艺、真皮、人造革等覆盖的沙发、软床等。由于这类家具内部构造相对柔软，与其他种类的家具相比，具有更强的舒适度，如图 1-36、图 1-37 所示。

图 1-34 玻璃座椅

图 1-36 现代沙发

图 1-35 玻璃家具

图 1-37 沙发

图 1-36 所示的沙发外部支撑采用了打孔钢板、钢管架构；座面与靠背运用了织物与皮革相结合，粗狂的外部构架与多变的座面和靠背形成直曲的对比，使此款沙发呈现出时尚与现代的气息，充满了造型感。

4. 竹藤家具

竹藤家具是以天然的竹材和藤才为原料制作的家具。竹藤取之于自然，绿色环保。竹藤家具表面光滑、质地坚韧、透气性好、纯朴自然，给人以清爽宜人的感觉。另外，通过不同的编制手法，可以形成不同的纹饰造型，具有很高的观赏性和装饰性，如图 1-38、图 1-39 所示。

图 1-38　'√' + '×' = 几 ——茶几设计（天津美术学院学生李勇设计）

设计说明： 用"√"与"×"两个符号的设计组合来设计的茶几，表达出我们在做某些事情时，内心不确定和纠结的状态。通过这两个符号结合进行设计，用三角形的稳定性展现出茶几的平稳，体现了传统工艺与现代设计的结合，以及对传统竹器的认识，设计者用南方地区特有的楠竹和现代材料结合设计这个茶几。

作品名称："百丝千缕"
——休闲藤椅

姓名：李 勇
导师：秦雯婕
材料：越南藤条

从原材料到加工完成图

图 1-39 "百丝千缕"——休闲藤椅（天津美术学院学生李勇设计）

设计说明：灵感来源于立体构成。通过线条的平行与交错编排，展现线条的形体之美，同时是针对传统藤条加工工艺弯曲的另一种尝试，通过从简的原则来展现出朴素自然的美，追求返璞归真的原生态。

5. 塑料家具

塑料家具是以塑料为主要原料，经过注塑成型。用塑料可生产出各种造型奇特的家具，而且色彩丰富。塑料家具常使用金属做骨架，成为钢塑家具，如图 1-40 所示。

6. 金属家具

金属家具是指以各种金属（如钢、铁、铝合金等）为主要材料制造的家具。由于金属家具采用机械化生产，精度高，表面可电镀、喷涂、喷塑，加之金属强度高，因而可制造出造型现代的工业化气息非常浓的家具，突破了木质家具的造型风格。如果再与其他材料相搭配（如玻璃、塑料、皮革等），往往令人耳目一新，满足人们求新、求奇的审美爱好，如图1-41所示。

7. 石材家具

石材是一种质地坚硬的天然材料，给人的感觉是高档、厚实、粗犷、自然、耐久。天然石材的种类很多，在家具中主要使用花岗石和大理石两大类。

在家具的设计与制造中天然大理石材多用于桌、几、台案的面板，发挥石材的坚硬、耐磨的优点和天然石材肌理的独特装饰作用。同时，也有不少的室外庭园家具，室内的茶几、花台等全部用石材制作。人造石材是近年来开始广泛应用于厨房。卫生间台板多为人造石材，以石粉、石渣为主要骨料，以树脂为胶结成型剂，一次浇铸成型，易于切割加工，抛光。其花色接近天然石材，抗污力、耐久性及加工性、成型性优于天然石材，同时便于标准化部件化批量生产，特别是在整体厨房家具、整体卫浴家具和室外家具中广泛使用，如图1-42所示。

图 1-40　塑料座椅

图 1-41　金属家具

图 1-42　石愫^班台 石愫^班椅（天津美术学院学生王岑设计）

设计说明： 本产品以灰色调为主色。外观采用简约的造型，并且见棱见角，彰显稳重大气。内部结构用钢板焊接骨架，使产品结构更加稳固，其使用寿命大大延长。表面材料使用"甲基丙烯酸甲酯"人造石，它是一种新型环保复合材料，其材料特点是无毒性、放射性，阻燃、不粘油、不渗污、抗菌防霉、耐磨、耐冲击、易保养、无缝拼接且造型百变。

■ 1.3.6　按家具的造型与结构分类

1. 框架式家具

传统家具都是框架式结构形式，以榫卯、装板为主，结构坚固、耐用。这类家具均使用实木，对木材要求较高。

2. 板式家具

凡主要板材均由各种人造板作为基材的板件构成，并以连接件接合起来的家具称为板式家具。这类家具具有拆装灵活、利于运输、便于保养等特点。同时板式家具大大提高了木材资源的工业利用率，为实现家具的自动化创造了条件。

3. 通用部件式家具

所谓通用部件式家具，就是使不同家具的部件的规格尽量统一，以求用较少规格的统一

部件装配出较多式样的家具品种，如板式家具中的"三合一"连接件。凡应用通用部件的家具统称通用部件式家具。采用这种方法，一方面可以使家具品种不至于太简单，另一方面可以减少部件的规格，为自动化生产创造条件，如图 1-43、图 1-44 所示。

图 1-43　通用部件式的书柜

图 1-44　通用部件式的书柜展示架

图 1-43 所示家具统一采用"三合一"连接件对家具进行连接。

图 1-44 所示家具统一采用金属挂钩把家具的外框与内部的樘板进行连接。

4. 折叠式家具

折叠式家具造型简单、使用轻便。折叠式家具多采用椅面活动式，适合礼堂剧院等公共场所使用，有时也采用椅面、椅腿连接活动式，适合家庭使用，尤其住宅面积小的地方最为适用。另外，它还便于运输，所以经常变换使用地点的家具也采用折叠式，如图 1-45 所示。

图 1-45　宿舍专用折叠椅（天津美术学院学生马静妓设计）

设计说明： 这款宿舍专用折叠桌的设计是为了给在拥挤的上下铺宿舍的学生带来方便。桌面可折叠的特点，使得它既提供了使用功能，又可以在空闲时收纳起来节省空间。我们可以根据自己的需要选择自己的工作位置。

5. 充气式家具

充气式家具除色彩艳丽、造型独特有趣外，

在需要移动或搬家时，将内部气体放出后可以很方便地带走，轻巧便捷。充气式家具摆脱了传统家具的笨重特点，室内外可随意放置，如图 1-46、图 1-47 所示。充气家具价格往往比较低廉，一般寿命在 5~10 年。尽管充气式家具容易被尖锐的物体刺破，但每一件充气家具所附赠的修补特制胶水和有关材料，已解决了用户的后顾之忧。

图 1-46 所示为充气式家具，将沙发、床垫充满气后，放在地上，大家可直接坐在上面品茶、聊天，晚上可直接躺在上面休息，既隔潮又舒适。

图 1-47 所示为可充气的环形口袋，在海边、青草地随时可以舒服地陷入。

6. 多用式家具

对某些部件的布置稍加调整，就能有不同用途的家具，称为多用式家具。由于这种家具能一物多用，所以对于住房面积较小的使用者比较适用，如图 1-48 所示。但是由于考虑多用，所以结构比较复杂，有些要采用金属铰链。多用式家具多为两用或三用。要求用途过多，结构就会过于烦琐，使用时也就变得不方便了。

图 1-46　充气式家具

图 1-47　受气口袋

7. 组合式家具

组合式家具是由具有一定使用功能的单体家具组合而成的。重新组合以后，它便以一种新的形式和新的使用功能展现在人们面前，更好地满足使用者的需要。它可根据使用的环境要求随意组合成各种不同的形式，如图1-49所示。

图1-49所示为一组组合家具，从中我们可以看出组合家具与单体家具比较，具有以下几个特点：第一，多用性。组合家具是由几个具有不同使用功能的单元组合在一起的，因而能满足多种用途。第二，随意性。在设计时由于充分考虑到各种的组合可能性，因而在具体布置房间时，可以因地制宜，具有一定的自由度，更好地满足使用的需要。第三，有效地节省室内空间。由于各种不同用途的个体有机地组合在一起，相对地减少了占地面积。第四，搬运方便。城市住宅多为单元式高层楼房，组合家具的每个单元具有体积小、重量轻的特点，因而比较灵活，搬运方便。第五，造型变化多样，整体效果好，丰富了室内的艺术效果。

8. 拆装式家具

拆装式家具是根据不同的使用功能和产品规格以及组合形式的变化加工成规定系列。规格部件、家具各部件之间采用连接件完成。家具可进行多次拆卸和安装。消费者可根据个人喜好，选择不同类型的家具部件，回家按图纸和说明进行装配。拆装式家具具有生产工艺简单，部件标准化、系列化，便于运输和包装等特点，如图1-50所示。

图 1-48 多功能家具

图 1-49 组合家具

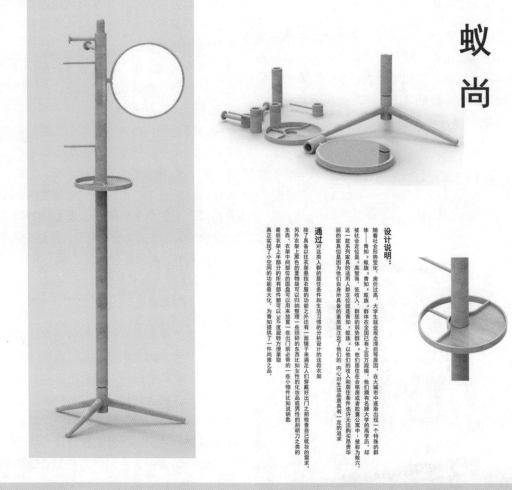

蚁尚

设计说明：

随着社会形势变化，房价过高，大学生就业观念滞后等原因，在大城市中逐渐出现一个特殊的群体——蚁族。群体在全国已有上百万规模，他们拥有名牌大学的高学历，却被社会定位是：高智商、低收入、群居的弱势群体。他们居住在合租房屋或者胶囊公寓中，被称为蚁六。

青知是：蚁族，以他们的收入和居住条件不许无法购买昂贵华丽的家具但是因为他们对自身所具备的素质就注定了他们的内心对生活品质具有一定的追求。

通过对这类人群的居住条件和生活习惯的分析设计的这款衣架，除了具备以往衣架悬挂衣服的功能之外还有一面镜子来满足人们穿戴好出门之前检查自己梳妆的需求。

另外衣架上黑色的置物袋可以归纳整理一些琐碎的东西比如女性的化妆品或男性的刮胡刀之类的东西。衣架中间部位的圆盘可以用来放置一些出门前必带的一些小物件比如说钥匙。

最后衣架上半部分的所有部件都可以360度旋转方便拿取真正实现了小空间内的功能最大化，为青知提供了一件尚雅之品。

图 1-50　蚁尚 1（天津美术学院学生宣雪娇设计）

设计说明：通过对这类人群的居住条件和生活习惯的分析而设计的这款衣架，除了具备以往衣架悬挂衣服的功能之外，还有一面镜子来满足人们出门之前检查自己梳妆的需求。另外，衣架上黑色的置物袋可以归纳整理一些琐碎的东西，如化妆品或刮胡刀之类的东西。衣架中间部位的圆盘可以用来放置一些出门前必带的一些小物件，如钥匙等。衣架上半部分的所有部件都可以360 度旋转，方便拿取。

本章小结

　　本章主要通过案例阐述了家具的基本概念，并对家具的各个类型进行了分析，使读者对家具有一个感性的认识，并且通过与室内的结合使读者了解到家具在室内空间中所起的作用。

思考题

　　1. 家具的概念包括哪些方面？

　　2. 家具与室内的关系？

课堂实训

　　1. 举例说明家具在室内环境中的作用。

　　要求：根据家具与室内的关系，利用家具重新组织空间，既要体现出空间的层次，又要体现出家具的装饰性与实用性。

　　2. 论述家具设计的分类方法是以什么作为依据的，并简述它们的特点。

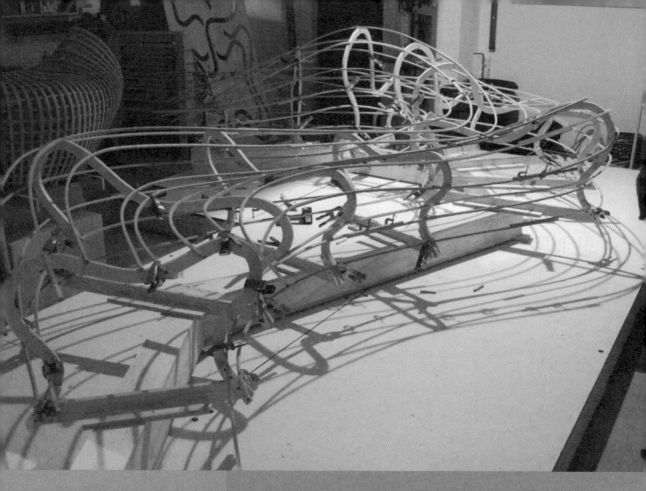

家具材料

　　家具材料是家具形成的物质基础，是在材料的基础上经过一系列的加工而制成的，所以了解各种材料并明白其特性和应用范围对于设计师来说是必不可少的，而且材料往往也是设计师的灵感来源，经过对材料的反复试验和测试，设计出具有创造性的家具设计。

引导案例：

图 2-1、图 2-2 是美国设计师 matthias pliessnig 设计的"amada"，它可以让使用者在椅子上轻松的观察到各个方向。这个长凳全部由被风干的白色橡木制作，然后经高温蒸发被弯曲成优美的曲线。

图 2-1　"amada"创意长凳 1

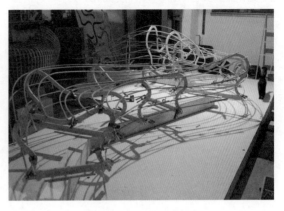

图 2-2　"amada"创意长凳 2

2.1　木质材料

■ 2.1.1　原木成材

原木成材在家具制作中是最古老、最常见的材料，因其特有的魅力，广受人们的喜爱。原木材料种类繁多，但它们共同的特征是绝热性、耐力强、可塑性、调湿性以及原木自身色彩花纹的美感等特点，如图 2-3、图 2-4 所示。然而，原木材料的吸湿性会导致家具变形，并且高昂的费用是一些家庭不能承担的。

图 2-4

图 2-3

■ 2.1.2　人造板材

板式家具是指以人造板为基材，以板件为主体，采用专用的五金连接件或圆榫连接装配而成的家具。板式家具的主要材料是各种人造板材，包括中密度板、刨花板、覆面刨花板（三聚氰胺板）、胶合板、细木工板等。

1. 密度板

密度板也称纤维板，是以木质纤维或其他植物纤维为原料，施加脲醛树脂或其他适用的胶黏剂制成的人造板材。按其密度的不同，分为高密度板、中密度板、低密度板。它的特点是：密度板变形小，翘曲小；有较高的抗弯强度和冲击强度；密度板表面光滑平整、材质细密、性能稳定、边缘牢固、容易造型，避免了腐朽、虫蛀等问题，同时密度板很容易进行涂饰加工；各种涂料、油漆类均可均匀地涂在密度板上，是做油漆效果的首选基材。但是密度板的耐潮性、握钉力较差，螺钉旋紧后如果发生松动，不易再固定，如图2-5所示。

2. 刨花板

刨花板是利用木材加工的废料（刨花、碎木片、锯屑等）加入尿醛或酚醛树脂压轧而成，刨花板具有一定的强度，可充分利用废料，它的缺点是重量大、边缘易脱落、拧入螺钉易松动，如图2-6、图2-7所示。

3. 胶合板

胶合板具有厚度小、强力大和加工简便的优点，同时还便于弯曲，并且轻巧坚固，胶合板的品种很多，有普通胶合板、厚胶合板、装饰胶合板等，如图2-8所示。

（1）普通胶合板：是用三层或多层的奇数单板胶和而成。各单板之间的纤维方向互相垂直；中心层可用次等板单板或碎单板，面层可选用光滑平正、纹理美观的单板，厚度在12mm以下。

（2）装饰胶合板：其一面或两面的表层板是用刨制薄板、金属或塑料贴面等做成的。

（3）厚胶合板：厚度在12mm以上的称为厚胶合板。其结构与普通胶合板相同，又有很高的强度，不变形，应用范围更为广泛。

4. 细木工板

细木工板俗称大芯板，它的内部是许多小木条拼成的，两面的表面胶合两层单板或胶合板，表面抛光。这种板的优点是面平整，强度大，不易变形，如图2-9所示。

图2-5 中密度板

图2-7 覆面刨花板（三聚氰胺板）

图2-6 刨花板

图2-8 胶合板

图2-9 细木工板（大芯板）

2.2　饰面材料

2.2.1　薄木

厚度为 0.1 ~ 3mm 的木片称为薄木。制造薄木的方法有三种：用锯割方法制得的薄木称为锯制薄木；用旋切方法得到的薄木为旋制薄木；用刨削方法得到的薄木为刨制薄木。

（1）锯制薄木：表面无裂纹，装饰质量较高，一般用作正面饰材。但因加工锯路损失较大，木材利用率很低，故很少采用。

（2）旋制薄木：旋制薄木在胶合板中称为单板。其纹理都呈弦向，较为美观，但表面裂纹较多，厚度越大，裂纹越多越深。一般厚度在 0.5mm 以下。对厚度大于 0.5mm 的，质量好的可用作板件表面的覆面材料，质量差的可作为刨制薄木的底层材料或用于薄木弯曲胶合件的芯材。

（3）刨制薄木：由方木料经专门的薄木刨切机刨切而成的薄木。其表面纹理可以是弦向，也可以是径向，表面裂纹少，平整光滑好，多用于人造板和家具的饰面材料，常用厚度为 0.3 ~ 6.0mm。薄木过厚易产生裂隙和变形，而且增加木材的消耗。常用树种有水曲柳、柚木、樟木、楠木、楸木等多种优质材。

图 2-10　装饰贴面板

图 2-11　不同效果的装饰贴面板

2.2.2　装饰贴面板

装饰贴面板是一种装饰板材，经热压塑化浸胶的表层纸、装饰纸和底层纸形成的。表层纸和装饰纸一般用精制的化学木浆制作。装饰纸上印刷木纹、石纹等图案和色彩。底层纸则无特殊的要求，一般用牛皮纸。装饰贴面板有以下的特点：表面平滑、质地硬、耐久性强、色彩亮丽、图案丰富、化学稳定性强，如图 2-10、图 2-11 所示。

2.2.3　塑料薄膜

塑料薄膜是聚氯乙烯材料制成的薄膜，表面印有各有木纹等图案和色彩，装饰性较强。但其耐热性、耐寒性和耐久性较差，只应用于普通的家具表面装饰。

2.2.4　合成树脂装饰纸

合成树脂装饰纸直接把浸渍纸贴到人造板面上。与装饰贴面板相比，工艺过程更简化，材料的耗费减少了，生产效率提高了。合成树脂装饰纸常用于磨损较小的部件。

2.2.5 印刷装饰纸

印刷装饰纸是印有木纹和图案的纸。它可以直接贴在基材上，再用涂料装饰色彩或涂一层透明保护漆。也可以先贴白纸，再进行印刷和装饰过程。印刷装饰纸工艺简单、成本低、有一定的耐热性和柔软性，可以装饰弯曲面，但是耐磨性差，适合用于立面或摩擦较小的表面。目前，预涂饰的装饰纸日趋流行，它省去了家具组装后涂饰的步骤，更加方便使用，提高了工作效率。

2.3 软质

与人体接触的部分由弹簧、填充材料等软体材料构成，使之合乎人体尺度并增加舒适度的特殊形态的家具称为软体家具或包裹家具。

其中以藤、绳、布、皮革、塑料纺织面料、薄海绵等制作的为薄型半软体结构家具，这些半软体材料有的直接编制在家具的框架上，有的缝挂在家具的框架上，有的单独编制在框架上，再嵌入整体家具框架内，如图 2-12 所示。

还有一种为厚型软体结构家具。这个结构分为两部分，一部分为支架，另一部分是以泡沫橡胶或泡沫合成塑料为材料制成的泡沫软垫，如图 2-13 所示。

2.3.1 纤维织物

纤维织物在家具设计中应用广泛，它具有良好的质感、保暖性、弹性、柔韧性、透气性，并且可以印染上色彩和纹样多变的图案。纤维织物种类繁多，面料质地、花样、风格、品种丰富，可以供各种不同的消费者使用。因为质地及材料的不同，化学及物理性能差异较大，所以要求设计师熟悉各种纤维材料的性能，根据需要来选择适合的材料。

纤维织物主要分为以下种类。

（1）棉纤维织物。具有良好的柔软性、触感、透气性、吸湿性、耐洗性，品种多，广泛

图 2-12 薄型半软体结构家具

图 2-13 厚型软体结构家具

应用于布艺沙发和室内装饰中。但弹性较差，容易起皱。

（2）麻、草纤维织物。质地粗糙挺括、耐磨性强、吸潮性强，不容易变形，且价格便宜。装饰效果独特，具有古朴自然之感。

（3）动物毛纤维织物。细致柔软有弹性，耐磨损易清洗，多用于地毯和壁毯。但毛纤维制品在潮湿、不透气的环境下容易受虫蛀和受潮，并且价格较昂贵。

（4）蚕丝纤维织物。具有柔韧、光泽的质地，易染色。

（5）人造纤维织物。用木材、棉短绒、芦苇等天然材料经过化学处理和机械加工制成。吸湿性好，容易上色，但强度差，不耐脏、不耐用。一般与其他纤维混合使用。

（6）聚丙烯腈纤维（腈纶）织物。质感好、强度高、不吸湿、不发霉、不虫蛀，表面质地和羊毛织物很相像。但耐磨性欠佳，容易产生静电，所以经常与其他纤维混纺，提高植物的耐磨性，并增加装饰效果，例如天鹅绒就是腈纶的混纺产品。

（7）聚酰胺纤维（尼龙、锦棉）织物。牢固柔韧，弹性与耐脏性强，一般也与其他纤维混纺。缺点是耐光、耐热性较差，容易老化变硬。

（8）聚酯纤维（涤纶）织物。不易褶皱，价格便宜，能很好地与其他纤维织物混纺。

（9）聚丙烯纤维（丙纶）织物。重量轻，具有较高的保暖性、弹性、防腐蚀性、蓬松性等优点，但质感较差，不如羊毛织物，染色性和耐光性欠佳。

（10）无纺纤维布。不经过纺织和编制，而是用粘接技术，将纤维均匀地粘成布。

2.3.2　皮革

（1）动物皮革。动物皮革是高级家具常用的材料，主要有牛皮、羊皮、猪皮、马皮等。动物皮透气性、耐磨性、牢固性、保暖性、触感等比较好。好的动物皮革手握时感到紧实，手摸时感到如丝般柔软。制作皮质家具要求质地较均匀柔软，表面细致光滑又不失真。

（2）复合皮革。复合皮革是用纺织物和其他材料，经过粘接或涂覆等工艺合成的皮革，主要有人造革、合成革、橡胶复合革、改性聚酯复合革、泡沫塑料复合革等。复合皮革外表很像动物皮革，并且具有价格便宜、易于清洗、耐磨性强等优点，在家具制作中广泛运用。但是，复合皮革不透气、不吸汗、易老化、耐久性差，一般作为中低档产品材料。

2.4　竹藤

2.4.1　竹材

竹子生命力旺盛，分布广泛，也是制作家具常用材料之一。竹材质地坚硬，经久耐用，经过化学处理，变成防虫蛀、防腐蚀的塑性物，并且价格低廉，是非常理想的制作材料。竹材家具风格古朴自然，造型高雅，寓意深远，富有美感。

2.4.2　藤材

藤材被广泛应用在家具制作中，因为它坚韧有弹性，耐磨耐擦，经过处理后表面光洁美观，可以编织成各种丰富的图案。藤材可以绕家具骨架编织成家具，也可以编织成各种坐面和侧面。藤可作为家具的辅助材料，藤芯可做家居的骨架。藤材流畅优雅的线条和朴实无华的质感深受人们的喜爱，如图 2-14 所示。

图 2-14 藤材

2.5 金属材料

2.5.1 铜材

按铜的化学成分可以分为纯铜、黄铜、青铜和白铜。

（1）纯铜：具有高导电性和导热性，在家具上应用较少，如图 2-15 所示。

（2）黄铜：主要指以铜和锌组成的铜合金，与纯铜相比，具有更好的力学性能，工艺性更强。黄铜被广泛应用于家具的连接条、嵌条等零件上，如图 2-16 所示。

（3）青铜：是指以锡为主要合金的铜合金。青铜具有较高的力学性能和工艺性能，抗腐蚀性等物理性能也较好，在家具制作中常被用于制造高级拉手和配件，如图 2-17 所示。

（4）白铜：是指以镍为主要合金的铜合金。白铜可以分为结构白铜和电工白铜。结构白铜具有高的力学性能和极高的抗腐蚀性，并具有耐热性和耐寒性，在家具上被用来制作合页铰链、拉手等，如图 2-18 所示。

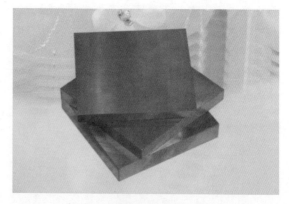

图 2-15 纯铜

图 2-16 黄铜

2.5.2 铝合金

铝合金是以铝为基础，加入一种或几种其他元素（如铜、锰、镁、硅等）构成的合金。它重量轻，并且有足够的强度、塑性及耐腐蚀性。铝合金制成管材、型材和各种嵌条，应用于椅、凳、台、柜、床等金属家具和木家具的装饰中，如图 2-19 所示。

2.5.3 不锈钢

钢材是应用面最广的金属材料，在家具中应用最多的是普通碳素钢，有板材、管材及型材等。

（1）钢板。钢板按厚度可分为薄板和厚板两大规格。家具企业通常使用厚度在 0.6 ~ 1.4mm 的薄钢板，宽度在 500 ~ 1400mm 之间。钢板的另一个分支是钢带，钢带实际上是很长的薄板，宽度比较小，常成卷供应，也称带钢，如图 2-20 所示。

（2）钢管。钢管又分无缝钢管和焊接钢管。前者是钢材生产企业在生产中通过挤压成型制作出来的，整体性好，承受外界压力强，多用于管道运输中；后者是钢材加工企业采用钢带通过卷板机弯卷后再用高频电阻焊机焊接而成的管状钢材，常在家具制作中做支承部件。作为家具使用的钢管直径一般在 10 ~ 20mm，壁厚在 0.6 ~ 1.4mm，多用于椅类家具，如图 2-21 所示。

图 2-17 青铜

图 2-18 白铜

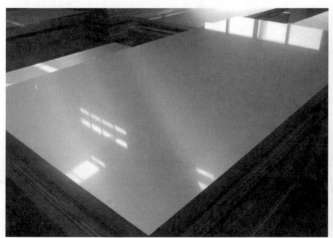

图 2-19 铝合金

图 2-20 钢带

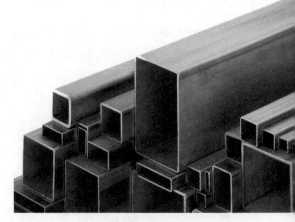

图 2-21 方形钢管

图 2-22 盘条

图 2-23 扁钢

（3）圆钢。圆钢是圆形断面的实芯钢材，有冷轧和热轧两种。其中直径在 5 ~ 10mm 的产品是成盘供应的，称为盘条，也是金属家具使用最多的规格，如图 2-22 所示。

（4）扁钢。宽度一般是 12 ~ 30mm，厚度为 4 ~ 6mm，是一种截面长方形并带印边的钢材。家具用料厚度多为 4 ~ 6mm，圆钢与扁钢一般用于家具零部件的连接，如图 2-23 所示。

（5）钢丝。钢丝通常是指以盘条为原料，经过冷拔加工的产品。断面有圆形、椭圆形、方形、三角形及各种异型钢丝，一般以圆形断面为主。在家具制作中多用于制作弹簧，应用于沙发、软座椅、床垫等产品中。

2.6 塑料

塑料与其他材料相比，是一种新材料，并且随着科技进步，品种越来越繁多，适用于制作产品对材料的不同需求。塑料成型和加工等工艺技术也在不断地发展，在家具制造中渐渐占有重要地位。

■ 2.6.1 塑料的特性

塑料品种多，特质各有不同，其中以合成树脂为基础的"工程塑料"在家具制造中应用最广泛，它有以下主要特征。

（1）质量轻、强度高，便于移动与使用。

（2）化学稳定性好。具有较好的抗腐性、耐磨性、耐水性、耐油性。

（3）成型工艺简单。塑料材料可以使用一次性浇注成型，有利于大批量生产，提高生产效率。

（4）色彩丰富，表现力强。塑料材料的色彩极其丰富，工艺技术所带来的表现力也越来越强。

（5）较差的耐热性和耐老化性。塑料材料在高温下会熔化，在阳光和空气的长期影响下会变色、开裂、变形等。塑料可以通过和其他材料混合等方法进行改进。

2.6.2　家具对塑料的选用

塑料的品种繁多，在家具制造中合适地选择材料至关重要。一般主要考虑以下四个方面。

（1）应具有较好的工艺性，易于加工，提高效率。

（2）塑料的质地和性能要符合家具的功能要求，满足家具的使用功能。

（3）选择合适的塑料色彩和表面处理，已达到家具所要传达的审美意识和文化内涵。

（4）合适的塑料成本，尽可能地降低成本，达到利益的最大化。

2.7　玻璃和石材

2.7.1　玻璃材料

玻璃材料在家具制造中应用广泛，主要有茶几、餐桌、角柜、电视机柜、组合柜等等。玻璃的高强度，光滑透明的质感和丰富的色彩深受人们的喜爱。一般作为玻璃家具的玻璃板厚度在 5～6mm 之间，个别的特殊部位有特殊的要求，例如承重的台面会适当地加厚，在 8～10mm 之间。根据玻璃自身的强度和跨度承载力，竖放的玻璃板高度一般在 1000mm 以内，宽度在 200～400mm 之间；平放的玻璃板长度在 1400mm 以内，宽度在 700mm 以内。

2.7.2　石材

石材是最古老的家具材料之一，应用十分广泛。石材目前分为天然石材和人造石材两种主要材料。

天然石材种类繁多，应用于家具中的主要有两种，大理石和花岗岩，如图 2-24、图 2-25 所示。大理石质地细腻，耐磨性差，化学稳定性差，其花纹变化万千，色彩丰富多彩。大理石材质主要应用于装饰地面、装饰画、石桌、石椅、石几等家具，也与其他材料结合，作为家具的部分存在，起到装饰的作用。花岗岩质地坚硬，耐磨性好，化学稳定性好，其花纹颗粒较粗且不均匀。主要应用于地面、墙面等装饰，也可作为装饰与家具相结合。

人造石材强度较好，耐腐蚀性、化学稳定性都比天然石材要好，所以易清洗。人造石材有精细均匀的结构，可以根据需求塑造成各种形式，表现力强，在家具制造中应用得也更广泛，价格也更高。人造石材主要应用于制造橱柜台面、洗面台、营业柜台、餐桌、茶几、窗台、工艺品等产品，如图 2-26 所示。

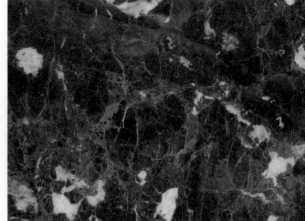

图 2-24　大理石

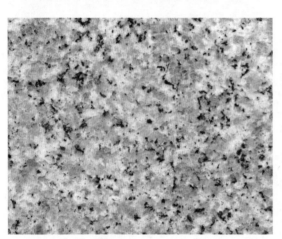

图 2-25　花岗岩

图 2-26　人造石材

本章小结

　　本章分别对常用家具材料进行详细介绍与分析,使读者能够比较全面的了解制造家具的材料。并辅以大量的图片说明,使本章的内容丰富详尽,图文并茂。

思考题

　　1. 家具对塑料的选用,主要考虑哪几个方面内容?

　　2. 人造石材的特点是什么?

课堂实训

　　1. 挑选一种材料,结合该材料特质设计一件家具。

　　要求:凸显材料特质,体现材料本身的美感。

　　2. 利用可回收材料设计一件家具。

　　要求:利用环保理念体现设计的创新性。

第 3 章

家具接合方法

　　家具的区别不仅在式样上有所不同，也在结构方式上和材料上有所不同。由于结构方式和材料的不同，这就会对家具的强度、外观和质量产生不同的要求。无论外型、结构、材料如何变化，是传统的木质榫卯结构；还是现代的板式插接结构，前提条件是首先要使家具坚固耐用，这就需要家具在很大的程度上必须依赖于构件的接合方法和工艺技术的配合。

引导案例:

图3-1所示为支架式书架,所谓支架式家具,就是把部件固定在金属或木制支架的各个高度上而制成的。书架内部的搁板和柜体由统一制成的金属挂件钩挂在金属框架内(见图3-2),可根据个人的需要与爱好自行调节高度,形成不同的视觉效果和用途。而且统一制成的金属挂件一方面可以减少部件规格,为自动化生产创造条件,另一方面也便于零件的维修与更换。

图3-1 支架式书架

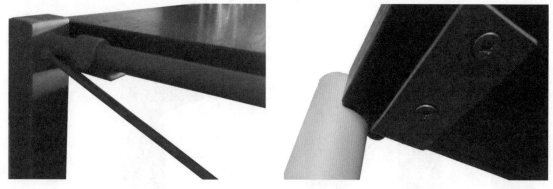

图3-2 支架式书架的金属挂件

3.1 榫接合

3.1.1 榫接合的概念及特点

榫接合是指榫头插入榫眼或榫槽的接合方式,是我国古典家具与现代家具的基本结合方式,也是现代框架式家具的主要结合方式。

3.1.2 榫接合的基本名称

传统家具多为榫卯结构，利用榫卯结合的方式组成家具的框架。榫卯结合是榫舌插入榫孔所组成的接合。接合时通常都要施胶。榫头与榫孔各部分名称如图3-3所示。榫舌的种类很多，但基本形状只有三种，即直角榫、燕尾榫和圆榫，如图3-4所示。从榫舌的断面形状来看，直角榫、燕尾榫都属于平榫；圆榫属于插入榫。

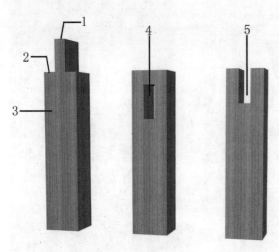

图3-3 榫头与榫孔各部分名称

1—榫舌；2—榫肩；3—榫头；4—榫孔；5—榫槽

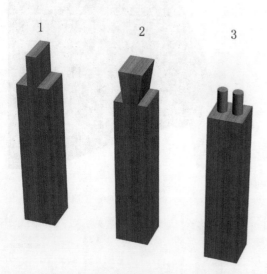

图3-4 榫头的种类

1—直角榫；2—燕尾榫；3—插入圆榫

3.1.3 榫接合的分类及其应用

1. 以榫舌的数目来分

分为单榫、双榫和多榫，如图3-5所示，一般框架的方材接合，多采用单榫和双榫，如桌子、椅子等。只有箱框的板材接合才用多榫，如木箱、抽屉皆是。

图3-5 榫舌的数目

2. 以榫舌的贯通或不贯通来分

根据榫舌贯通榫孔与否，分为明榫和暗榫，如图3-6所示。暗榫主要是为了产品美观，避免榫舌暴露在制品的表面而影响装饰质量。所以，一些实木高档家具的榫接合主要用暗榫。但明榫的强度比暗榫大，所以在受力大的结构中多采用明榫，如门、窗以及工作台等。中、高档家具中，在不显露的部位也可在用明榫，以增加家具的强度。

图3-6 明榫和暗榫

3. 以榫舌侧面能否看到来分

分为开口榫和闭口榫，如图3-7所示。直角开口榫加工简单，但由于榫舌和一侧面显露在表面，因而影响制品的美观，所以一般装饰的表面多采用闭口榫接合。此外还有一种介于开口榫和闭口榫之间的半闭口榫，如图 3-8 所示。这种半闭口榫接合，既可防止榫头的移动，又能增加胶的面积，因而具备了开口榫和闭口榫两者的优点。一般应用于被制品某一部分所掩盖的接合处以及制品的内部框架。例如桌腿与横档的结合部位，榫头的侧面就能被桌面所掩盖。

插入榫。为了提高接合强度和防止零件扭动，采用圆榫接合需要有两个以上的圆榫舌。插入榫与整体榫比较，可以显著地节约木材，这是因为配料时，省去了榫头的尺寸，另外还简化了工艺过程，大大提高了劳动生产率。因为繁重的打眼工作可采用多轴钻床，一次完成定位和打眼的操作。此外采用插入榫接合，还可以改变制品的结构，便于拆装。但插入榫比整体榫的强度减低 30%。

3.1.4　我国古典家具常用的榫接合形式

1. 直角接合方法

多采用整体榫，也有用圆榫结合的，在框式家具中运用广泛，如图 3-9 ～图 3-18 所示。

图 3-9　闭口不贯通单榫

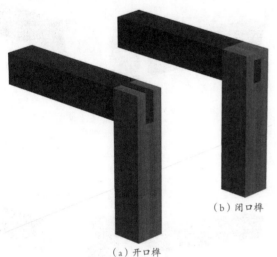

（b）闭口榫

（a）开口榫

图 3-7　开口榫和闭口榫

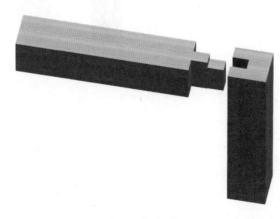

图 3-8　半闭口榫

图 3-10　开口不贯通双榫

4. 以榫舌和方材本身的关系来分

分为整体榫和插入榫。直角榫、燕尾榫属于整体榫，榫舌与方材是一个整体。所谓插入榫，就是榫舌与方材不是一个整体，一般圆榫皆为

图 3-11　开口贯通单榫

图 3-12　开口贯通双榫

图 3-13　闭口不贯通单榫

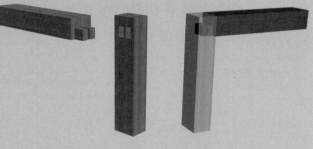

图 3-14　闭口不贯通双榫

图 3-15　闭口贯通单榫

图 3-16　半闭口不贯通单榫

图 3-17　插入圆榫

图 3-18　燕尾榫

2. 斜角接合方法

其优点是可以避免榫端部木材外露，提高家具的装饰质量，但结合强度较差，加工也较复杂，如图 3-19 ～图 3-25 所示。

图 3-19　双肩斜角暗榫

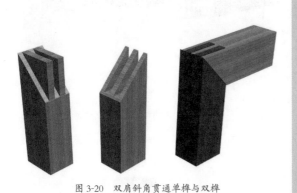

图 3-20　双肩斜角贯通单榫与双榫

图 3-21　双肩斜角明榫

图 3-22　插入暗榫

图 3-23　插入圆榫

图 3-24　俏皮割角落槽单榫

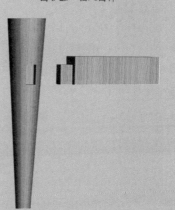

图 3-25　圆榫不贯通榫

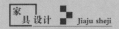
3. 木框中档接合方法

包括各类框架的中档、立档、椅子和桌子的脚撑等，如图 3-26 ～图 3-32 所示。

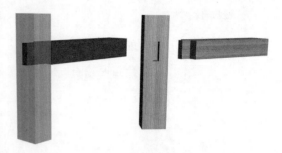

图 3-26　直角明、暗单榫

图 3-27　直角明、暗双榫

图 3-28　直角纵向明、暗双榫

图 3-29　对开十字搭接法图

图 3-30　分段插入平榫

图 3-31　插入圆榫

图 3-32　夹角插肩榫

3.1.5　榫接合的技术要求

家具的损坏常出现在结合部位，因此在设计家具产品时，一定要考虑榫卯结合的技术要求，榫卯结合的正确与否，直接影响家具产品的强度。

1. 榫舌的厚度

一般由零件断面的尺寸而定。为了保证接合强度，单榫的厚度接近于方材厚度的 1/2，双榫的总厚度也接近于方材厚度或宽度的 1/2。为使榫舌易于插入榫孔，常将榫端的两面或四面削成斜棱呈 30 度。当木材断面超过 40mm×40mm 时，应采用双榫接合。

榫舌的厚度为 6mm、8mm、9.5mm、12mm、13mm、15mm 等。榫舌的厚度，根据生产实践证明，等于榫孔宽度或比榫孔宽度小 0.3mm 时，则抗拉强度最大，如果榫舌的厚度大于榫孔宽度反而使强度下降。这是因为榫舌与榫孔接合，还要经过胶料的作用，才能获得较高的强度。榫舌的厚度若大于榫孔尺寸，结合时胶液会被挤出。接合处不能形成胶缝，则强度会下降，而且安装时还易使方材劈裂，破坏了榫接合。

2. 榫舌的宽度

一般比榫孔长度大 0.5 ～ 1mm。当榫舌的宽度增加到 25mm 时，宽度的增大对抗拉强度的提高并不明显。基于上述原因，榫舌宽度超过 40mm 时，应从中间锯切一部分，即分成两个榫舌，这样可以提高榫接合强度，如图 3-33 所示。

3. 榫舌的长度

根据各种接合形式决定的，当采用明榫接合时，榫舌的长度应等于接合零件的宽度或厚度，如采用暗榫时不能小于榫孔零件宽度或厚度的一半。

榫舌长度与强度的关系。实验证明：家具的榫接合，当榫舌长度在 15 ～ 35mm 时，抗拉强度随尺寸增大而增加；当榫舌长度在 35mm 以上时，抗拉强度随尺寸增大而下降。由此可见，榫舌的长度不易过长，一般在 15 ～ 30mm 时的接合强度最大。总之，榫接合的强度决定于榫舌的几何形状，榫舌与榫孔的正确配合以及胶着面积的大小。当采用暗榫时，榫孔的深度应当比榫舌长度大 2mm，这样可避免由于榫头端部加工不精确或木材膨胀使榫头撑住榫孔的底部，形成榫肩与方材间的缝隙，同时又可以储存少量胶液，增加胶合强度。

圆榫的直径为板材厚度的 0.4 ～ 0.5，目前常用的规格分别为直径 6mm、8mm、10mm 三种。圆榫的长度为直径的 3~4 倍。

4. 榫舌厚度与方材断面尺寸的关系

单榫距离外表面不小于 8mm，双榫距离外表面不小于 6mm，如图 3-34 所示。

图 3-33　双榫

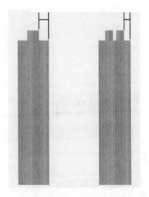

图 3-34　榫舌厚度与方材断面尺寸的关系

5. 榫舌、榫孔的加工角度

直角榫的榫舌与榫孔应垂直，也可略小，但不可大于90度，否则会导致接缝不严。暗榫榫孔底部可略小于孔上部尺寸1～2mm，不可大于上部尺寸；明榫的榫孔中部可略小于加工尺寸1～2mm，不可大于加工尺寸。

6. 榫卯结合对木纹方向的要求

榫舌的长度方向应顺着木材纤维方向，因为横向易折断。榫孔应开在纵向木纹上，开在端头易裂而且结合强度小。

3.2　胶接合

胶接合是指用胶黏剂把木制品的零件、部件接合起来的一种方式。在实际生产中，主要用于板式部件构成，实木零件的拼宽、接长、加厚及家具表面覆面装饰和封边工艺等，这种接合的优点是可以小材大用、节约木材、工作效率高。胶接合常在其他的接合方式中起到辅助作用。不同的胶种其胶合性能会有所差异，因此，需根据不同的工艺水平要求而合理选用。为了增强胶接强度，一般采用斜接、指接，以增加胶接面积，提高胶接强度。

3.3　钉接合

钉接合是一种操作简便的连接方式，结合工艺简单，生产效率高，木钉和竹钉在我国传统手木工中应用得多，现在主要采用金属钉，有圆钢钉、骑马钉鞋钉、T形气钉、木螺钉等。多为板式家具中使用。钉子材质有金属、竹、木制三种。钉接合简便，但接合强度较低，常在接合面加胶以提高接合强度。钉接合常用于装饰效果要求不高之处和强度要求较低之处，如实木办公家具的背板安装、抽屉滑道安装、导向木条固定等。金属钉子主要是圆钉，圆钉接合依靠圆钉穿透被固定紧件钉入持钉件而将二者连接起来。圆钉必须在持钉件的横纹理方向进行，纵向进钉强度低，尽量少用。

3.4　木螺钉接合

木螺钉也称自攻螺钉，木螺钉接合是利用木螺钉穿透被固紧件，拧入持钉件而将二者连接起来的接合。其接合较简单，接合强度较榫接合低而较圆钉接合高，常在接合面加胶以提高接合强度。木螺钉需在横纹方向拧入持钉件；纵向拧入接合强度低。一般在被固件上需顶钻导向孔，如果被固紧件太厚时，常用螺钉沉头法以避免螺钉太长。

3.5　连接件接合

连接件接合是利用特制的各种专用的连接件，将家具的零部件装配成部件或产品的结合方式。这种结合方式能多次拆卸，松动时可直接调紧。连接件接合是一种利用家具专用的连接件来连接和坚固家具零部件，并可多次拆装的接合方式。可用于方材、析件的连接，特别是常用于家具零部件间的连接。从材质上来看，有金属连接件，也有尼龙连接件，还有尼龙和塑料等材料制作的连接件。对连接件的要求是：体积小、强度高、安装方便，不影响家具的功能与外观。连接件接合是拆装式家具的主要接合方式，它广泛用于拆装家具的结构连接。

本章小结

本章对工艺结构进行详细分析，使读者能够比较全面的了解家具的工艺结构，并辅以大量的图片说明，使本章的内容丰富详尽，图文并茂。

思考题

1. 什么是"32mm"系统？

2. 榫结合的技术要求有哪些方面？

课堂实训

分别简述中国古典家具与现代家具的结构工艺。

要求：以简单的草图加以文字的形式进行阐述，图文并茂。

第 **4** 章

家具艺术风格的演变

家具风格是不同时代思潮和地域特质透过创造性构想和表现，逐渐发展成为代表性的家具形式。一个成熟家具风格形成往往具备三方面的特征：一是独特性，就是具有与众不同、一目了然的鲜明特色；二是一致性，就是它的特色贯穿它的整体和局部，直至细枝末节，很少有芜杂的、格格不入的部分；三是稳定性，就是它的特色不只表现在几件家具上，尽管它的类和型不同，但总是表现在一个时期内的一批家具上，形成一个完整的式样风格。

引导案例：

图 4-1 所示为明代铁梨木玫瑰椅，靠背镶有券口，三面券子下部有圆枨加矮佬，正面壶门有膛肚，直腿圆足，腿间按步步高赶枨，迎面枨及两侧枨下安有牙条。为明式家具的基本形式。

图 4-1　黄花梨玫瑰椅

4.1　明清之前的中国传统家具

中国的传统家具的发展约有 3500 年的历史，它经历了自席地而坐的低矮家具到垂足而坐的高型家具的发展过程。到了明清时期，传统家具创造了灿烂辉煌的成就，并对世界各国的家具艺术产生了不可低估的影响。

在中国古代，人们的生活方式决定了家具的发展方向。商、周、秦、汉、魏、晋时人们席地而坐，因此家具多为低矮型；到了唐朝，人们的生活方式发生了变革，开始坐高，双足悬起，中国的垂足家具逐渐兴起，后经五代十国至宋代逐步完善，制作工艺也基本成熟；到了明清，中国家具进入鼎盛时期，其优良的材质、纯熟的工艺和雕刻都是前朝所无法相比的。

1. 商周时期的家具

"席地坐"包括跪坐，可追溯到公元前 16 世纪的商代，距今已 3700 年，由于当时人们习惯席地而坐，所以当时的家具都很矮，这与当时的生活习惯有关，这时是中国低矮家具的形成时期，其特点是造型古朴、简洁，用料粗壮，如图 4-2 所示。

商周时期是我国青铜器高度发达的极盛时期，从这一时期出土的青铜器中可以看到商周时期的家具样式，如图 4-3 所示。

青铜器中的"禁"也是一种祭祀的礼器，实际上就是家具中的台，是箱、橱、柜的最早母体。在商代，造车技术已经日趋成熟，建筑规模也相当宏伟，木工技术已经达到较高的水平，这些成就直接或间接地影响了家具的制作，促进了家具的发展。

图 4-3 所示为"俎"，俎是当时人们在祭祀时的重要摆放物件，既能放置牲畜，也可以放置其他祭祀物品，是几、案、桌等家具的雏形。

2. 春秋战国、秦汉时期的家具

西周以后从春秋到战国，直至秦灭六国，建立历史上第一个中央集权的封建帝国，是我国古代社会发生重大变革的时期，是奴隶社会走向封建社会的变革时期。奴隶的解放促进了农业和手工业的发展，铁制工具（如斧、锯、凿等）出现并得到普遍使用，为榫卯、花纹雕刻的复杂工艺提供了有利条件。

春秋战国时期，人们的室内生活虽仍然保持着席地而坐的习惯，但家具的种类已有很大发展，榫卯结构已经出现。几和案成为春秋战国时期新型的家具，尤其是漆案在当时非常流行。髹漆和彩绘是春秋战国时期家具的主要特色，如图 4-4 所示。

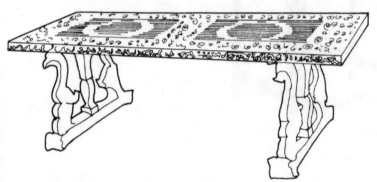

图 4-2　彩绘书案

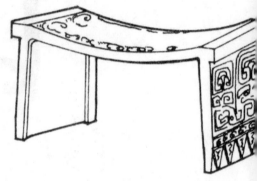

图 4-3　铜俎

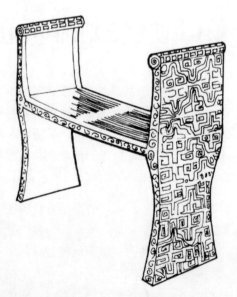

图 4-4　战国黑漆朱绘回旋纹几

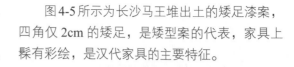

图 4-4 所示为战国黑漆朱绘回旋纹几。色彩艳丽，以黑第为主，并配以红色彩绘图案，朴素而又华美，是漆家具全盛时期的序幕，也是我国现存古代家具中罕见的实物珍品。

秦汉时期是我国低型家具大发展的时期。我国传统家具的类型在春秋战国时期的基础上发展到床、榻、几、案、屏风、柜、箱和衣架等。由于丝绸之路的开通和对外贸易与交流的日益频繁，经济的繁荣对人们生活产生了巨大影响，随之家具制造发生了很大的变化。汉代的柜型则犹如带矮足的箱子，门向上开，体型较大，有一定的容量，装饰纹样增加了绳纹、齿纹、三角形、菱形、玻形等几何纹样以及植物纹样。汉代的屏风多是两面形与三面型，围在床的后方或床上两侧，如图 4-5 所示。

图 4-5 所示为长沙马王堆出土的矮足漆案，四角仅 2cm 的矮足，是矮型案的代表，家具上髹有彩绘，是汉代家具的主要特征。

3. 魏晋南北朝时期的家具

魏晋南北朝至隋唐五代是我国低型家具向高型家具发展的转变时期。魏晋南北朝是我国高型家具的萌芽时期，椅、凳、墩等高型坐具方便实用，改变了人们席地而坐的起居方式。魏晋时期的生活方式仍以床为中心，并开始增高加大，既可以坐在床上，也可以垂足于床边，如图 4-6 所示。也有设屏风的屏风榻，如图 4-7 所示。床上设帐，上部可加床顶，四周以可折叠的单面或多面式的矮屏在当时十分流行。

图 4-6 魏晋南北朝时期的家具

图 4-5 西汉漆器彩绘木桌

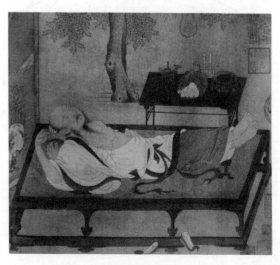

图 4-7 魏晋南北朝时期的屏风榻

4. 隋唐五代时期的家具

隋唐时期是中国封建社会前期发展的顶峰。人们席地而坐与使用使用床榻的习惯仍然广泛存在，但垂足而作的生活方式逐步普及全国，出现了高低家具并存的局面。高型家具在品类上已基本齐全，家具阵容初具规模，椅子的种类开始增加，凳类的形式也较为丰富。其次，高型桌案的出现也是这一时期家具的特点之一。几、案等家具由床上移至地下，高度也相应的增加，高型坐具的已经代替了凭几，如图4-8、图4-9所示。

图 4-8　《韩熙载夜宴图》局部

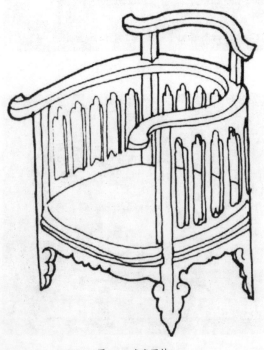

图 4-9　唐代圆椅

图4-8所示为《韩熙载夜宴图》的局部，从画卷中可以看出，当时已有长桌、方桌、长凳、靠背椅、扶手椅、圈椅、床等家具。高低家具处于并行发展的时期。

图4-9所示为唐代圆椅，其椅背搭脑和扶手连成一体呈"Ω"形，扶手两端头向外卷曲成云状。椅圈用成排矩形断面木条作立枨支撑，成栅栏状（梳妆）安装在椅座上。椅圈面与椅座面相平行，椅座面为半圆形，固定在如意云头状弯脚和牙板构成的脚架上。圈椅造型厚重、典雅、优美。

总之，唐代家具在形式上崇尚富丽华贵、家具宽大厚重、浑圆丰满，有稳重之感，家具用材包括紫檀、黄杨木、沉香木、花梨木、樟木、桑木、桐木等，此外还应用了竹藤等材料。而到了五代时期，家具风格变唐代家具的厚重为轻便，变浑圆为秀直，对唐代家具进行了改进与发展，成为宋代家具简洁、朴实新风格的前奏。

5. 宋元时期的家具

宋、辽、金至元垂足而坐的生活方式已成为社会普遍的起居方式。为适应这种生活方式，大批新的家具陆续出现，是我国高型家具大发展时期。桌、椅、凳等家具在民间已十分普及，并且有所发展，演变出圆形和方形交椅、琴桌等新型家具。北宋《营造法式》的刊印颁发，影响了家具的造型和结构，出现了一些突出的变化。大量引用装饰性的脚线，极大丰富了家具的造型。桌面下采用束腰结构也是这个时期兴起的。桌椅四足的断面除了方形和圆形以外，有的还做成马蹄形，呈现出整体挺直、秀丽的特点。这些结构、造型上的变化，都为以后明、清家具的成就打下了基础，如图4-10、图4-11所示。

图 4-10　宋　苏汉臣《秋庭戏婴图》

图 4-11　宋徽宗　赵佶《听琴图》局部

图 4-10 所示为宋代苏汉臣《秋庭戏婴图》。图中这两只鼓墩表面用的是大漆嵌螺钿的工艺，这种装饰工艺非常复杂费时，先要找到合适的螺钿，白的或五彩的，再加工成薄片，再煮软，再一片片镶嵌到家具大漆的表面。大漆嵌螺钿工艺在中国古代长期使用，这样的家具在当时也是高档家具。

图 4-11 所示的琴桌不像一般用桌，它的桌面狭而长，桌面下沿有雕花板装饰。雕花板由

双横枨支撑，横枨两脚也有角牙，整件家具造型挺直、秀丽。

小贴士：

所谓螺钿，就是以螺类、贝类的外壳为原料。大漆嵌螺钿的图案，有拼出人物，花鸟，有用螺钿碎片随机镶嵌，有把螺钿碾碎成颗粒状，掺入大漆中形成繁星点点的效果的，此工艺装饰效果极佳，如图 4-12 所示。

图 4-12　明代　嵌螺钿黑漆牡丹诗文案

图 4-12 所示为明代嵌螺钿黑漆牡丹诗文案，该漆案为有束腰三弯腿式，形制精巧典雅。漆案表面髹黑漆嵌螺钿，内里髹朱漆嵌，漆面

断纹明显。嵌螺钿成牡丹、竹叶、山石和蝴蝶图案，山石嶙峋，竹叶遒劲，枝叶舒展。

4.2　明式和清式家具

4.2.1　明式家具

明式家具（明代至清代早期生产的家具）一直被誉为我国古代家具史上的高峰，是中国家具民族形式的典范和代表，在世界家具史上也具有显赫的地位。由于制作年代主要在明代，故称"明式家具"。

1. 选料之美

明式家具充分利用木质材料纹理天然之美，不加掩饰。其材料色彩沉重。明式家具使用的木材极为考究，有黄花梨、紫檀、楠木等。由于明代多采用这些硬质树种做家具，所以又称硬木家具，如图 4-13 所示。

黄花梨

紫檀木

楠木

图 4-13

明式家具的一大特色是在制作家具时充分显示木材纹理和天然色泽，不加油漆涂饰，表面处理用打蜡或透明大漆。全身披灰抹漆达七铺十四道工序之多，反复进行磨、披的交替操作，颇具柔光润泽的装饰效果。有的还使用木贼草（节节草）或砂叶植物的叶子来打磨细滑，已达到纹理清晰、暗红透亮的效果。还有用蜡饰的，即采用透明的蜂蜡和树蜡在素底表面摩擦，使木质的天然纹理更加透彻鲜润，呈现出硬木

家具朴素简雅的风采。

2. 造型之美

明式家具多采用简洁的造型线条，线条变化不多，但有力，精细而耐看，比例适宜，使线条形成"直"与"曲"的变化。如家具的脚多采用方和圆脚，边框多用卷口，这样使造型在整体上显得简洁明快，不加堆饰和虚饰，同时也有丰富的造型内容。

雕刻装饰通常是以小面积的精致浮雕或镂雕，点缀于部件的适当部位，构图灵活、形象生动、刀法圆润、层次分明，并与大面积的素底形成强烈对比，使家具的整体显得简洁明快，如图 4-14 所示。

图 4-14 所示为明式圈椅。圈椅椅腿的直线与椅圈的曲线形成强烈对比，使各自的线性特征更为突出，但又通过腿的圆形界面与主圈产生内在联系。靠背板与两侧镶把棍都设计成较大曲率的优美曲线，是主圈曲线在垂直方向的衬托。作为视觉中心的靠背上的镂雕的装饰，更有点缀作用。

图 4-14 明式圈椅

3．工艺之美

明式家具用榫进行固定，又明榫、闷隼、半榫、燕尾榫等，在制作上讲究工细，又加强家具的牢固性，使家具内外形成一种完美的美。

4．明式家具的种类

明式家具按其使用功能可分为卧具类（床榻）、坐具类（椅凳）、几案类（几、桌、案）、存储用具类（橱、柜）、屏蔽用具类（屏风）、悬挂及承托用具类（台架）六个门类。

（1）床榻类

床榻主要用于躺卧和睡眠，分为架子床、拔步床、罗汉床三种，如图4-15、图4-16、图4-17所示。

图 4-15　明代　榉木开光架子床

图 4-16　拔步床

图 4-17　明代　紫檀藤面罗汉床

图 4-15 所示为明代榉木架子床，床通体用榉木制成，床面四角分别立有圆柱，与门边两圆柱合为六柱，因此也称之为六柱床。以六柱支撑顶架，柱之间有楣板及床围子相连，前后楣板为五格，左右三格，每个皆有委角（明清家具工艺术语，指将桌角改为小斜边而成八角形的做法）的长方形开光。柱下端除前脸的门边外，只有两块围栏，其他三面的围栏与上楣板一一对应，只是由于围栏大于楣板的尺寸，故栏板的开光也宽出许多，床下有束腰，鼓腿膨牙，内翻马蹄，整个器物无一分雕刻的图案，光素简洁，用料硕大而显稳重，开光秀气，是一件上乘之作。

图 4-16 所示的拔步床为十柱式，周身大小栏板均为攒海棠花围，垂花牙子亦锼出海棠花，风格统一，空灵有致，装饰效果极佳。

图 4-17 所示为明代紫檀藤面罗汉床，此床通体以紫檀木制成，席心床面，面下有束腰，鼓腿膨牙，内翻马蹄，直牙条，通体光素无雕饰，面上三面围栏，前低后高，分七段镶大理石心。石心有天然黑白相间的山水云雾花纹，体现出凝重肃穆的气质和风度，具有浓重的明式风格。

（2）椅凳类

① 椅类

椅类家具在明代的发展可谓辉煌鼎盛，种类繁多，如交椅、圈椅、官帽椅、玫瑰椅等；样式繁多，造型新颖别致，表现形式多种多样，如图 4-18、图 4-19、图 4-20、图 4-21 所示。

图 4-18 所示为明代黄花梨交椅，交椅为罗

图 4—18 明代　黄花梨交椅

图 4—19　明式家具布局

圈状靠背扶手，除踏足板式桄子选用金属外，其他部位只用铜作加固或装饰，结构精巧，突出的是木材的天然丽质，红紫润光。

图 4-19 所示为一组明式家具布局。明式三

围屏榻上有矮几，榻前对称设一对方凳，一把交椅，靠墙有翘头闷户橱，水墨山水画和书法条幅、装饰墙面，充满中国传统文化气息。

图 4-20　明代　黄花梨四出头官帽椅

图 4-21　明代　黄花梨玫瑰椅

图 4-20 所示为明式黄花梨四出头官帽椅，四出头官帽椅在明代特别流行。此椅靠背板光素无纹，扶手平直，券口牙子线条流畅优美。利用木质本身纹理充分展现了四出头官帽椅的大方之美。

图 4-21 所示为明代黄花梨玫瑰椅，搭脑下部采取壶门牙子形式，两侧以及后背均有围栏。座面镶席心，面下两短柱，连接罗锅桄，腿下管脚桄高低有别，名为赶桄。前桄下辅以罗锅桄。

②凳类

凳类则有方凳、条凳、圆凳、春凳、绣墩等。方凳有长方和长条两种，长方凳的长、宽之比差距不大，一般统称方凳。长宽之比在 2 ∶ 1 至 3 ∶ 1，可供二人或三人同坐的多称为条凳，圆凳造型墩实凝重。三足、四足、五足、六足均有。以带束腰的占多数。三腿者大多无束腰，四腿以上者多数有束腰。圆凳与方凳的不同之处在于方凳因受角的限制，面下都用四足。而圆凳不受角的限制。最少三足，最多可达八足，如图 4-22、图 4-23 所示。

图 4-22　明代　黄花梨长方凳

图 4-23　明代　黄花梨八足圆凳

图 4-22 所示为明代黄花梨长方凳，凳面攒框镶板冰盘沿下束腰平直。壶门牙子镂镂云纹。方材云腿，内翻马蹄。腿间十字交叉枨子，增加了凳子的支撑力及收缩力，从而给人以坚实、厚重的感觉。

图 4-23 所示为明代黄花梨八足圆凳，凳面光素，圆框内镶板，双混面边沿，面下八条腿足呈弧线形，两端向内翻卷。足端连接托泥。从内侧可看出，它的面、腿、托泥均以劈料做成双混面。整体的轮廓、线条都很俊秀，且结构合理。

图 4-24　方桌各部分名称

图 4-25　明代　一腿三牙方桌和局部

图 4-26　明代　黄花梨雕龙纹有束腰炕桌

（3）几案类

几案类主要包括桌、案、几三类。

①桌类

它的腿足在板面的四角，其结构称为"桌型结构"。方桌就是正方形的桌子，一般有大小两种尺寸，大的叫"八仙"，约三尺三寸见方，小的叫"六仙"，约二尺六寸见方，如图4-24、图4-25所示。

图4-25所示的方桌为黄花梨制，一腿三牙、素牙头、牙条、罗锅枨直顶牙板，枨的两端将桌腿向外撑，这样使桌子更加稳固，桌子侧脚分收明显，四腿八叉，是典型的明式家具。

小贴士：

所谓"一脚三牙"是明式最有代表性的桌式。因这种桌式要求把四条腿缩进安装，故每一条腿均与三块牙子（左右各装有一块，在桌面角下还装有一块托角牙）相交，每两条腿足之间又装有一根罗锅枨而得名。腿的缩进安装和罗锅枨向上凸起，使桌下的空间高度加大，便于人们使用。

炕桌因多在炕上和床上使用，故都冠以炕字。属于床榻之上的附属家具。通常在床榻正中放一炕桌，两边坐人。作用相当于现代的茶几，

是一种矮桌，一般为长方形，如图4-26所示。

②案

案的造型有别于桌子，突出表现为案的腿足不在面沿四角，而在案面两侧向里缩进一些的位置上。

图4-27所示为明代黄花梨翘头案，案面两端嵌装翘头。面下牙条两端镂出云纹，并贯穿两腿之间。两腿上端打槽，夹着牙头与案面相连。前后腿之间装双横枨，腿、枨皆为圆材。四腿均向外撇出，具有明显的侧脚收分。案通体光素简洁，造型沉稳大方，尽显明式家具的明快之感。

③几

香几是专门用来置炉焚香的家具，一般成组或成对。佛堂中有时五个一组用于陈设五供，个别时也可单独使用。古代书室中常置香几，用于陈放美石花尊，或单置一炉焚香。形制多为三弯腿，整体外观似花瓶，如图4-28所示。

图4-28所示的香几腿上部四分之一处做一处停留，内敛径达10cm，然后顺势而下，迅速变细，至足内翻球，足外饰卷草。牙板与束腰一木连作，雕刻卷草纹，雕刻精美，做工考究。

图4-27 明代 黄花梨翘头案

图4-28 明代 黄花梨木三弯腿大方香几

（4）橱柜类

橱柜类是居室中用于存放衣物的家具。

① 橱

橱的形体与案相仿，有案形和桌形两种。面下装抽屉，二屉称连二橱，三屉称连三橱，有的还在抽屉下加闷仓。上平面保持了桌案的形式，但在使用功能上较桌案发展了一步，如图 4-29、图 4-30 所示。

图 4-29 所示为明代铁梨木二屉闷户橱，设抽屉两具，屉面上雕花券口。壶门光素，腿与橱面拐角处装卷叶纹托脚牙。四腿外撇，侧角收分。此造型为典型的明式风格。

② 柜

柜是指正面开门，内中装屉板，可以存放多件物品的家具。门上有铜饰件，可以上锁，如图 4-31、图 4-32 所示。

图 4-29　明代　铁梨木二屉闷户橱

图 4-30　橱　抽屉局部

图 4-31　明代　黄花梨顶柜

图 4-32　明代　黄花梨亮格柜

图 4-31 所示为明代黄花梨顶柜。顶柜是明代较常见的一种形式。由底柜和顶柜组成。一般成对陈设，又称四件柜。这种柜因有时并排陈设，为避免两柜之间出现缝隙，因而做成方正平直的框架。柜门对开，顶柜、地柜各两扇。两门之间有立栓，栓与门上各按铜质面叶、拉手。两侧均有圆形铜质合页。打开下节柜门，内装槛板两块，拿掉槛板后，又可形成暗仓。

图 4-32 所示为亮格柜。它是集柜、橱、格三种形式于一体的家具。下层对开两门，内装堂板分为上下两层。柜门的上面或装抽屉两具，或无抽屉。再上为一层或二层空格，或正面和两侧装一道矮栏，或有后背；或三面安券口。

（5）屏风类

明代屏风大体可分为座屏风和曲屏风两种。

① 座屏风

又分多扇和独扇。多扇座屏风分三、五、七、九扇不等。规律是都用单数。屏风上有屏帽连接。这类屏风多数被放在正厅靠后墙的地方，然后前面放上宝座。在皇宫里，每个正殿都有这种陈设。独扇屏风又名插屏，是把一扇屏风插在一个特制的底座上，如图 4-33 所示。

② 曲屏风

曲屏风是一种可以折叠的屏风，也叫"软屏风"。它没有底座，且都由双数组成，属活动性家具。用时打开，不用时折合收储起来。其特点是轻巧灵便，如图 4-34 所示。

图 4-33　明代　黄花梨大理石插屏

图 4-34　明代　黄花梨浮雕花卉屏风

图 4-34 所示的屏风共四扇，每扇单屏之间由挂钩连接，可开合，单屏为攒框分隔形制，由上至下分别是上部绦环板、屏心和裙板，皆为浮雕花卉纹，下部边框镶有压板，亦雕花卉纹。

图 4-35　衣架

（6）台架类

台架是指日常生活中使用的悬挂及承托用具。主要包括衣架、盆架、灯架、镜台等，如图 4-35、图 4-36、图 4-37 所示。

图 4-36　面盆架　　　　图 4-37　灯架

4.2.2　清式家具

清式家具大体分为三个时段。清式家具在康熙前期基本保留着明代风格特点。尽管和明式相比有些微妙变化，还应属于明式家具。自雍正至乾隆晚期，已发生了根本的变化，形成了独特的清式风格。嘉庆、道光以后至清末民国时期，由于国力衰败，加上帝国主义的侵略，国内战乱频繁，各项民族手工艺均遭到严重破坏，在这种社会环境中，根本无法造就技艺高超的匠师。再加上珍贵木材来源枯竭，家具艺术每况愈下，而进入衰落时期。

1. 清式家具的装饰

注重装饰性是清式家具最显著的特征。为了获得富贵豪华的装饰效果，充分利用各种装饰材料和调动工艺美术的各种手段，如雕、嵌、描、绘、堆漆等，其中雕与嵌仍是清式家具装饰的重要手法，如图 4-38、图 4-39 所示。

清式家具在风格上突出的表现为厚重、华丽，过多追求装饰，而忽视和破坏了家具的整体形象，失去了比例和色彩的和谐统一。此种特点到清朝晚期更为显著。

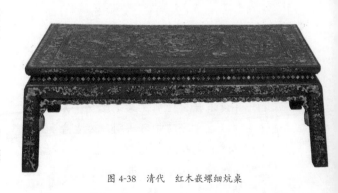

图 4-38　清代　红木嵌螺细炕桌

图 4-39　清代　紫檀剔红嵌铜龙纹宝座

图 4-40　西番莲纹扶手椅靠背板

图 4-38 所示的炕桌为红木制，桌面攒边装板，有束腰。直腿方足。桌面圆形开光嵌螺细花卉禽鸟纹，四周饰以折枝花卉。冰盘沿及束腰各饰以缠枝花卉及菱形花纹，牙条和腿足嵌螺细西番莲纹。

图 4-39 所示为清代紫檀剔红嵌铜龙纹宝座。座围为九屏风式，剔红"卍"字锦地纹，嵌菱形正面龙纹镀金铜牌。边沿浮雕云蝠纹和缠枝莲纹，座面为红漆地描金菱形花纹，边沿雕回纹，面下束腰嵌云龙纹镀金铜牌，牙条上雕蝠、桃、"卍"字及西番莲纹。腿部雕栌子纹，足下承雕回纹托泥。

小贴士：

所谓宝座又称宝椅，是一种体型较大的椅子，宫廷中专称"宝座"。宝座的结构和罗汉床相比并没有什么区别，只是比罗汉床小些。宝座多陈设在宫殿的正殿明间，为皇帝和后妃们专用。有时也放在配殿或客厅，一般放在中心或显著位置。这类椅子很少成对，都是单独陈设。

宝座一般都由名贵硬木（以紫檀为多见）或者是红木等髹漆制成，施以云龙等繁复的雕刻纹样，髹涂金漆，极为富丽华贵。

小贴士：

所谓"西番莲"，即以中国传统工艺制成家具后，再用雕刻、镶嵌等工艺手法装饰西洋花纹。这种西式花纹，通常是一种形似牡丹的花纹，亦称"西番莲"。这种花纹线条流畅，变化多样，向外伸展，且大都上下左右对称。如果装饰在圆形的器物上，其枝叶就多作循环式，各面纹饰衔接巧妙，很难分辨它们的首尾。如图 4-40 所示。

2. 清式家具的用材

在用材上，清代中期以前的家具，尤其是宫中家具，常用色泽深、质地密、纹理细的珍贵硬木。其中以紫檀木为首选，其次是花梨木。用料讲究清一色，各种木料互不接用，为了保证外观色泽纹理的一致和坚固牢靠，有的家具采用一木连作，而不用小材料拼接。用料大，浪费多，但气派很大。因此，就气派而言，清式家具要比明式家具大得多。清代中期以后，紫檀、花梨木材料告缺，此种材料制作的家具日渐减少，遂以红木代替，因此，清代乾隆以后的高级家具多数采用红木。

3. 具有清代典型代表性的家具

清式家具虽然继承了明式家具的特点，但在家具风格上又与明式家具迥然不同，显示了它独特的时代特征。并且出现了许多新的家具种类，其中以"太师椅"与"架几案""多宝格"等为显著代表。

（1）太师椅

太师椅的产生是清式家具的一个显著特点，借以炫耀显赫、点缀太平盛世之意。太师椅造型特点是体态较大，下部为有束腰的几凳，上部为屏风式靠背和扶手。中间的靠背最高，两侧较低，扶手最低，围在座板的三面，式样庄重，犹如宝座，显示坐者的地位，故称"太师椅"。使用时，或置于堂屋当中的方桌两旁，或成对太师椅中间置茶几，摆放于大厅两侧。太师椅被认为是清式家具的代表。

图 4-41 所示的太师椅为红木制，椅背镶大理石，两边装螭纹卡子花。扶手亦镶理石。椅面攒框镶大理石面，有束腰，直腿，四角间安管脚枨。椅背、扶手和牙板上嵌螺细折枝花卉。

图 4-41　清代　红木嵌理石螺细太师椅

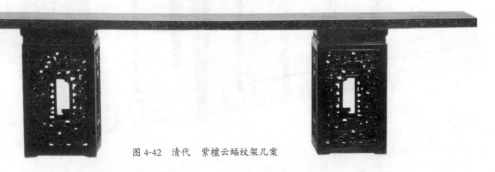

图 4-42　清代　紫檀云蝠纹架几案

（2）架几案

架几案是清代常见的家具品种。它是入清以后才出现的，它的形式与其他家具不同，是由两个大方几和一个长大的案面组成的，使用时将两个方几按一定距离放好，将案面平放在方几上，"架几案"由此得名。架几案一般体型较大，其上可摆放大件陈设品，殿宇中和宅地中厅常摆放这种家具。

图 4-42 所示的架几案面下有两个架几，架

几有束腰，透雕云蝠纹，几壁有勾云形开光，开光透雕蝙蝠、寿桃等纹饰，实用性强，造型洒脱大方。

（3）套几

清代的套几十分有特色，套几可分可合，使用方便。一般为四件套，同样式样的几逐个减小，套在上一个腿肚内，收藏起来只有一个儿的体积，如图 4-43、图 4-44 所示。

图 4-43　清代　红木四联套机

图 4-44　古韵（天津美术学院学生鲍萌萌设计）

设计说明： 在这组灯具中，将中国传统灯具的形态、色彩和装饰纹样运用于现代灯具设计中，创作出具有中国传统特色的现代灯具作品。并在尺寸上做出了大胆的创新。灯具材料由质地醇厚的羊皮纸和木材构成，创新的传统手工落地纸灯在审美上能给人带来全新的感受。

（4）多宝格

清式家具中的橱、柜，仍保留有明代遗风，在造型和品种上也没有太大的发展，出现的新品中，多宝格较为突出，被认为是最富有清式风格的家具。

多宝格也称"'百宝架'"什锦格"，是可同时陈列多件古玩珍宝的格式柜架。多宝格有大亦有小，大者可一列成排组成山墙，供陈列几百件珍玩。小者盈尺，置于桌案之上作为摆件。多宝格在设计上错落有致，形式多变，善于巧妙地利用有限的空间供陈列之用，与所陈列之物融为一体，本身就是一件绝好的艺术品。

图 4-45 所示的多宝格正面开大小相错孔洞，上部镶透雕花牙。背板髹黑漆描金绘折枝花卉。此多宝格为一对，可并排陈设，层与层相连，如同一体。

图 4-46 所示的多宝格共三层，架格当中设小格，高低错落，富于变化，大小无一相同且四面透空，每层以隔板间隔，有如意云头纹及各式花形开光。

图 4-45　清代　黑漆描金多宝格

图 4-46　清代　榆木四面空多宝格

（5）挂屏

挂屏为明末才开始出现的一种挂在墙上作装饰用的屏牌，大多成双成对出现。清朝后，此种挂屏十分流行，至今仍被人们喜爱。它已完全脱离实用家具范畴，成为纯粹的陈设品和装饰品。

图 4-47 所示的挂屏四扇成堂，硬木框柴木心，每扇各镶大理石两块，上圆下方，寓意天圆地方之意。

图 4-47　清代　云石挂屏

中国家具经历数千年的不断发展，形成了不同时期的多种风格。尤其是明、清时期的家具达到了历史的最高峰，为世人所推崇。明式家具造型简洁明快、素雅端庄、比例适度、线条挺秀，充分展示了木材的自然美。清式家具风格华丽、浑厚庄重、线条平直硬拐、注重雕刻、髹漆描金、装饰求满求多，在世界家具史上占有重要的地位。

4.3　国外家具风格演变

■ 4.3.1　古代时期的家具

1. 古埃及风格家具

古埃及位于非洲东北部尼罗河的下游。现在保留下来的当时的木家具有折凳、扶手椅、卧榻、箱和台桌等。椅床的腿常雕成兽腿、牛蹄、狮爪、鸭嘴等形式。帝王宝座的两侧常雕成狮、鹰、羊、蛇等动物形象，给人一种威严、庄重和至高无上的感觉，装饰纹样多取材于常见的动物形象和象形文字。

装饰色彩除金、银、宝石的本色外，常见的还有红、黄、绿、棕、黑、白等色，涂料是以矿物质颜料加植物胶调制而成。用于折叠凳、椅和窗的蒙面料有皮革、灯芯草和亚麻绳，家具的木工工艺也达到一定的水平，如图 4-48 所示。

图 4-48 所示的椅子是从第四王朝王后赫特菲尔斯（Hetepheres, 公元前 2600 年左右）陵墓中发掘的黄金扶手椅，木制的椅子全部贴上金箔。赫特菲尔斯的黄金扶手椅由狮子状的四条腿支撑着框架，给人一种威严、庄重和至高无上的感觉。前脚比后脚高。为防止脚部下滑，坐椅装有绘画和雕刻装饰的木制踏板，这种头部比脚部高的就寝姿势在西欧中世纪十分流行。

2. 古希腊风格家具（公元前 7 世纪～公元前 1 世纪）

古希腊的家具因受其建筑艺术的影响，家具的腿部常采用建筑的柱式造型，以及由轻快而优美的曲线构成椅腿及椅背，形成古希腊家具典雅优美的艺术风格。其中座椅的设计在功能上已经具有显著的进步，它的结构非常合乎自由坐姿的要求，背部倾斜且呈现曲状，腿部向外张开向上收缩，给人一种稳定感。靠背板或坐面侧板、腿部采用雕刻、镶嵌等装饰。室外庭院、公共剧场采用大理石支撑的椅子。木材（橡木、橄榄木、雪松、榉木、枫木、乌木、水曲柳等），青铜大理石等是常用材料，镶嵌用材主要为金、银、象牙、龟甲等，充分表现出优雅而华贵的感觉，如图 4-49 所示。

图 4-49 所示的座椅椅腿外伸，椅背向上弯，形成连续的曲线。在公元前 5 世纪时腿下无底座，椅背上部有一条水平宽板可将肩部靠上，旁边三角小桌的曲线和椅子一样。

图 4-48 黄金扶手椅

图 4-49 古希腊座椅

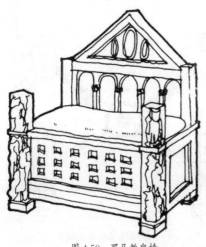

图 4-50 罗马教皇椅

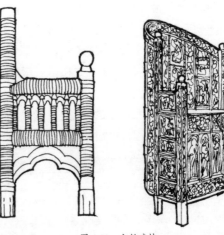

图 4-51 主教座椅

3. 古罗马风格家具（公元前5世纪～公元5世纪）

公元前3世纪古罗马奴隶制国家产生于意大利半岛中部。此后，随着罗马人的不断扩张而形成一个巩固的大罗马帝国。遗存的事物多为青铜家具和大理石家具，尽管在造型上和装饰上受到了希腊的影响，但仍具有古罗马帝国的坚厚凝重的风格特征，如图4-50、图4-51所示。

例如兽足形的家具立腿较埃及的更为敦实，旋木细工的特征明显体现在重复的深沟槽设计上。古代罗马人有躺在躺椅上进餐的习惯，躺椅基本采用旋制脚，床头装有S形扶手和头架。罗马人在桌子方面创造了许多新的种类，有放在墙边装饰用的大理石三腿桌，桌面为半圆形，面板厚实，脚部采用狮子形状，象征着身份和地位。

在家具材料的选择上除使用青铜和石材外，大量使用的材料还有木材，而且格角樟木框镶板结构也开始使用，并常施以镶嵌装饰，常用的纹理有雄鹰、带翼的狮子、胜利女神、桂冠、忍冬草、棕榈、卷草等。

图 4-52　马西米阿奴斯御座

■■ 4.3.2　中世纪家具

1. 拜占庭风格家具（395～1453年）

公元4世纪，古罗马帝国分为东、西两部分。东罗马建都于君士坦丁堡，史称拜占庭帝国。拜占庭家具继承了罗马家具的形式，并融合了西亚和埃及的艺术风格，以雕刻和镶嵌最为多见。有的则是通体施以浅雕，装饰风格模仿罗马建筑上的拱券形式。无论旋木还是镶嵌装饰，节奏感都很强。镶嵌常用象牙和金银，偶尔也会用宝石。凳、椅都置有厚软的坐垫和长形靠枕。装饰纹样以叶饰花同象征基督教的十字架、圆环、花冠以及狮、马等纹样结合为多，也常使用几何纹样，如图4-52、图4-53所示。

图 4-53　用狮身装饰的 X 形椅子

图 4-52 所示的马西米阿奴斯御座是一个不同寻常的桶形基座,罗马样式的靠背形成一条曲线,精心雕刻的嵌板饰以流动的树叶、水果、马和其他动物等图案,这是一件珍贵的拜占庭风格的家具,其刚直、庄重的造型体现了礼仪用椅的权威形象。

2. 哥特式家具(公元 12 世纪~ 16 世纪)

哥特式家具由哥特式建筑风格演变而来。家具比例瘦长、高耸,大多以哥特式尖拱的花饰和浅浮雕的形式来装饰箱柜等家具的正面。到 15 世纪后期,典型的哥特式火焰形窗饰在家具中以平面刻饰出现,柜顶装饰着城堡型的檐板以及窗格形的花饰,家具油漆的色彩较深。

哥特式家具的艺术风格还在于它那精致的雕刻装饰上,几乎家具每一处平面空间都被有规律地划分成矩形,矩形内布满了藤蔓、花叶、根茎和几何图案的浮雕。这些纹样大多具有基

督的象征意义,如"三叶饰"(一种由三片尖状叶构成的图案)象征着圣父、圣子和圣灵的三位一体;"四叶饰"象征着四部福音;"五叶饰"则代表着五使徒书等,如图 4-54 所示。

图 4-54 所示是哥特时代的高背靠椅,又称高背靠安乐椅。靠背变高的目的就是把椅子作为权威的象征,同时极为强调椅子在空间的体量感,高耸的椅背带有烛柱式的尖顶,椅背中部或顶盖的眉沿均有透雕和浮雕装饰。

▪▪ 4.3.3 近世纪家具

1. 文艺复兴时期的家具

文艺复兴是指公元 14 世纪至 16 世纪,以意大利为中心而开始的欧洲各个国家对希腊、古罗马文化的复兴运动。自 15 世纪后期起,意大利的家具艺术开始吸收古代造型的精华,以新的表现手法将古典建筑上的檐板、半柱、

图 4-54 哥特式高背靠椅

图 4-55 陈列柜

拱券以及其他细部移植到家具上作为家具的装饰艺术。家具外型厚重端庄，线条简洁严谨，比例和谐。以储藏类家具箱柜为例，它是由装饰檐板、半柱和台座密切结合而成的完整结构体。尽管这是由建筑和雕刻转化到家具上的造型装饰，但绝不是生硬、勉强的照搬，而是家具制作艺术的要素和装饰艺术完美的结合，如图4-55、图4-56所示。

细部相对集中，简化不必要的部分而着重整体结构，因而舍弃了许多文艺复兴时期将家具表面分割成许多小框架的方法，以及那些复杂、华丽的表面装饰，从而改成重点区分，加强整体装饰的和谐效果，如图4-57、图4-58所示。

图4-57　巴洛克风格的家具

图4-56　托斯卡纳式床

图4-56所示是以佛罗伦萨为中心的相关区域流行的一种托斯卡纳式床，这种床的床头雕刻精细并有镀金，由四根螺线状的柱子做支撑，柱子的顶部是古代壶形装饰部件。

2. 巴洛克风格家具

"巴洛克"原是葡萄牙文"Baroque"，意为珠宝商人用来表述珠宝表面那种光滑、圆润、凹凸不平的特征，由此人们可以想象巴洛克艺术风格的造型特征。巴洛克风格最大的特征是以浪漫主义作为造型艺术设计的出发点，它具有热情奔放及丰丽婉转的艺术造型特色，这一时期家具风格并不受建筑风格改变的影响，主要基于家具本身的功能需要及生活需要。

巴洛克家具的最大特点是将富于表现力的

图4-58　巴洛克风格的家具

图4-57、图4-58中所示的巴洛克风格的座椅不再采用圆形旋木与方木相间的椅腿，而代之以整体式的栏状柱腿，椅座、扶手和椅背改用织物或皮革包衬来代替原来的雕刻装饰。这种改革不仅使家具形式在视觉上产生更为华贵

而统一的效果，同时在功能上更具舒适性。

3. 洛可可风格家具

洛可可风格的家具于 18 世纪 30 年代逐渐代替了巴洛克风格。由于这种新兴风格成长在法王路易十五统治的时代，故又称为路易十五风格。由于它接受了东方艺术的侵染并融会了自然主义色彩的影响，因而形成一种极端纯粹的浪漫主义形式。

洛可可家具的最大成就是在巴洛克的基础上进一步将优美的艺术造型与功能的舒适效果巧妙地结合在一起，形成完美的工艺品。洛可可风格的家具追求运用流畅自由的波浪曲线处理外形，致力于追求运动中的纤巧与华丽，强调了实用、轻便与舒适。以回旋曲折的贝壳型和精细纤巧的雕刻为主要特征，造型的基调是凸曲线，常用 S 形弯角形式。它故意破坏了形式美中的对称与均衡的艺术规律，形成了浓厚浪漫主义色彩的新风格，如图 4-59、图 4-60 所示。

图 4-59　洛可可风格的椅子

图 4-60　洛可可风格的家具

洛可可风格发展到后期，其形式特征走向极端，由于曲线的过度扭曲以及比例失调的纹样装饰而趋向没落。

图 4-59 所示为洛可可风格的座椅，它的优美椅身由线条柔婉而雕饰精巧的靠背、坐位和弯腿共同构成，配合色彩淡雅秀丽的织锦缎，不仅在视觉艺术上形成极端奢华高贵的感觉，而且在实用与装饰效果上的配合也达到空前完美的程度。

4. 新古典主义风格家具

新古典主义出现于 18 世纪 50 年代，家具做工考究，追求整体比例的协调，造型精练而朴实，以直线为基调不作繁缛的细部雕饰，结构清晰，脉络严谨。

（1）路易十六式风格的家具

路易十六式家具的最大特点是将设计的重点放在水平与垂直的结合体上，完全抛弃了路易十五式的曲线结构和虚假装饰，使直线造型成为家具的自然本色。因此路易十六式家具在功能上更加强调结构的力量，无论采用圆腿、方腿，其腿的本身都采用逐渐向下收缩的处理方法，同时在腿上加刻槽纹，已显出其支撑的力度。椅座分为包衬织物软垫和藤编两种，椅背有方形、圆形和椭圆形几种主要式样，整个造型显得异常秀美，如图 4-61、图 4-62 所示。

图 4-62 所示为路易十六风格的家具，逐渐向下收缩并带有沟槽直线腿彰显家具的力度，椭圆形的椅背包裹织物，体现出精练、简朴、雅致的特点。点缀以枝形吊灯，展现亲切华美的抒情效果。

（2）帝政式风格的家具

帝政式风格的家具流行于 19 世纪前期，帝政式风格可以说是一种彻底的复古运动，恪守严格对称的法则，多采用厚重的造型和刻板的线条来显示其宏伟和庄严，注意力集中在细部

装饰上，将柱头、半柱、檐板、螺纹架和饰带等古典建筑细部硬加于家具上。

设计者甚至还将狮身人面像、罗马神鹫、胜利女神、环绕"N"（拿破仑的第一个字母）字母花环、莲花、战争题材图案等组合于家具支架上，其目的在于充分体现皇权的力量和伟大。

图 4-61 路易十六式风格的家具

图 4-62 路易十六式风格的家具

它在椅类的处理上尽量避免使用雕刻，仅在椅类的扶手和椅腿上有所应用。帝政式风格的家具在色彩处理上喜用黑、金、红的调和色彩，形成华丽而沉着的艺术效果，如图4-63、图4-64所示。

图4-63所示为帝政式的硬木梳妆台，采用对称的几何体，同时增大了家具的体量和尺寸，家具轮廓和比例独特，表面添加了许多建筑的元素和符号，整体造型厚重威严，其直线造型成为那个时代的标志。

图 4-63　帝政式风格的硬木梳妆台

图 4-64　帝政式风格的家具

4.4　现代主义风格家具

现代家具经历了三个时期，即19世纪末20世纪初的探索期，第二次世界大战前的形成期和第二次世界大战之后的发展期。

4.4.1　19世纪末20世纪初——探索期（1850～1917）

19世纪中叶钢铁的采用，蒸汽机、发动机的发明以及工业生产的快速发展，在短时间内给家具设计带来了巨大的变化。这些变化主要表现在：废除了不合理的仿制家具式样，新工艺与新结构的家具大量出现，造型变化丰富，如图4-65、图4-66所示。

图 4-66 麦金托什椅

图 4-65   迈克尔·托耐特 14 号曲木椅

德国的迈克尔·托耐特从实践摸索出了一套制作曲木家具的生产技术。他用"化学、机械法"弯曲木材的技术在维也纳获得了专利，14 号曲木椅是他在家具史上的代表作品。如图 4-65 所示。他利用蒸弯技术，把木材弯成曲线状，整个椅子由 6 根直径为 3cm 的曲木和十个螺钉构成，零件自行组装，大大节约了运输成本。其优雅自如的曲线、轻快纤细的体型，给人以轻巧的感觉。托耐特的曲木椅造型优美、价格低、样式多，开创了现代家具设计的先河。

图 4-66 所示为设计师英国建筑设计师和产品设计师查尔斯·雷尼·麦金托什设计的麦金托什椅。他的作品简洁的形式体现在他将从大自然中得到的灵感作为主题，一方面依然受到传统的英国建筑影响，另一方面则具有追求简单纵横直线的形式的倾向。他设计的高背椅子，夸张和突出的高靠背体现着精确、丰富、简朴、浪漫的风格，简短的圆柱椅腿，与高高的椅子靠背形成对比，黑色的高背造型，非常夸张，他的椅子综合了自然的元素和几何的秩序，成为手工艺品。

4.4.2 第二次世界大战前——形成期（1917 ～ 1937）

在两次世界大战之间，欧洲各国的建筑和家具获得了新的发展，开始走向现代主义的道路，形成了以包豪斯设计学院为首的设计理念。这一时期的家具重视功能，造型力求简洁，主张功能决定形式，强调发挥技术与结构本身的形式美，而且非常适于机械加工和大批量的现代化生产，如图 4-67、图 4-68、图 4-69 所示。

图 4-67 扶手椅

图 4-67 所示为意大利设计师勒·柯布西耶设计的扶手椅。采用抛光镀铬钢框架作为椅体的支撑，靠背和左面以聚酯填充物填充，表面覆以皮革装饰，在材料上进行了突破。曲线形的靠背更加符合人体工学，并与扶手连成一体。交叉的椅腿以一种全新的支撑形式出现，其造型轻巧优美，结构简洁，柔软舒适，颠覆了人们对传统椅子的概念。

图 4-68 所示为瓦西里椅，椅子的支撑由钢管构成，与人体接触的部位均采用帆布或是皮革，体现出了材质的特性，而且人体不会与冷漠的钢管直接接触，其造型轻巧优美，结构简洁，性能优良，这种新的家具形式很快风行世界。

4.4.3 第二次世界大战后——发展期（1949 ～ 1966）

20 世纪四五十年代，美国和欧洲的设计主流是在包豪斯理论基础上发展起来的现代主义。与战前空前的现代主义不同，战后的现代主义已经深入到广泛的工业生产领域。随着经济的复苏，西方在 20 世纪 50 年代进入了消费时代，现代主义与战后新技术、新材料相结合，表现

图 4-68 瓦西里椅

图 4-69 密斯的巴塞罗那椅

图 4-70 "胎"椅

图 4-71 椰子椅

形式是以简洁线条构成元素,通过卓越科技的发挥,进行设计和生产。一方面借助于精确的结构处理和材料质感的应用,充分显现出现代家具的正确性和透明性;另一方面它依靠严格的几何手法和冷静的构成态度,充分显露出现代美学的简洁性与完整性。倡导以功能作为第一要素,提倡室内设计、家庭用品、工作和生活空间的可移动性和灵活性,强调轻盈活泼、简洁明快的设计风格,家具设计上的突出变化是向板式组合家具发展。家具及室内装饰进入了多元化并存的时期,如图 4-70、图 4-71、图 4-72 所示。

图 4-70 所示为埃罗·沙里宁设计的家具。他的家具设计常常体现出"有机"的自由形态,最著名的设计是 1948 年与诺尔公司合作设计的"胎"椅。这种椅子是由玻璃纤维增强塑料模压而成,上面加软垫织物,式样大方,便于工业化生产。

图 4-71 所示为纳尔逊设计的家具。"椰子椅"的设计构思源自椰子壳的一部分,这把椅子尽管看起来很轻便,但由于"椰子壳"为金属材料,其分量并不轻,通过合理地使用材质对形体进行了充足的完善。另一个经典作品是"蜀葵椅",该椅子的主体部分被分解成一个个小的圆形结构,其色彩的大胆使用和明确

图 4-72 网状钢丝椅

的集合形式都预示着 20 世纪 60 年代波普艺术(POP)的到来。

图 4-72 所示为伯托埃设计的网状钢丝椅。哈里·伯托埃生于意大利,他所设计的网状钢丝椅主要依靠手工制作,外形柔美,并将工业用的金属丝线引入到家具设计领域,在浓重的工业味道中透露了纤细微妙的变化,在 20 世纪的家具设计舞台上体现了对空间和形体美的双

重诉求。

小贴士：

波普艺术是流行艺术（popular art）简称的音译，又称新写实主义，因为波普艺术（Pop Art）的 POP 通常被视为"流行的、时髦的"一词（popular）的缩写。它代表着一种流行文化。波普艺术产生于 20 世纪 50 年代末，在 60 年代形成一种国际性的文化潮流，首先出现在英国，后在美国广泛流行。它的旗号是：艺术不应该是高雅的，艺术应该等同于生活。波普艺术特殊的地方在于它对于流行时尚有相当特别而且长久的影响力。不少服装设计，平面设计师都直接或间接地从艺术中取得灵感。

波普艺术其创作特征是直接借用产生于商业社会的文化符号，进而从中升华出艺术的主题。它的出现不但破坏了艺术一向遵循的高雅与低俗之分，还使艺术创作的走向发生了质的变化。

4.5　后现代主义风格家具

20 世纪 70 年代，科技的高度发展为人类社会的物质文明展示出一个崭新的时代，然而面对这样一个充满着电子、机械高速运行的社会，人们的设计思想反而变得平乏、单调。"后现代主义"更是一针见血地批判着现代主义，家具设计也在这一大的潮流下趋向怀旧、装饰、表现、多元论和折中主义，摆在人们面前的是五彩缤纷、百花齐放的新天地，家具设计进入后现代主义设计阶段，如图 4-73 所示。

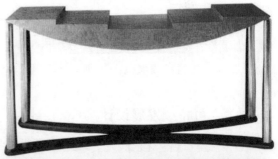

图 4-73　后现代主义风格家具

4.6 家具设计的发展趋势

家具是与人类生活密切相关的传统产品，而 21 世纪的家具设计将会呈现出异彩纷呈并形成多元化的格局，归纳起来有以下几个发展趋势。

■ 4.6.1 电脑辅助设计

电脑辅助进行家具设计，是当今信息时代的产物。其技术在家具设计中的应用将会大大拓展，如外形、结构、形状、人机、色彩、材质等，均可利用电脑技术进行预演、模拟和优化，进而减少不必要的资源浪费，使家具产品在规定的时间内准确、有效地得以实现，以最小的成本取得最大的功效。

因此，随着电脑技术的进一步发展，电脑辅助家具设计将会使人们对设计过程有更深的认识，对设计思维的模拟也将达到一个新境界。

■ 4.6.2 可持续发展设计

当今环境日趋恶化已成为全球关注的问题，于是绿色家具设计应运而生。绿色家具设计融入以人为本、全面、协调、可持续的发展理念，尽可能减小环境的负担，减少材料、自然资源的消耗，以维护人类地球的绿色环境。它的基本思想是在设计阶段将环境因素纳入家具设计中，将环境性能作为家具设计目标的重要组成部分，把家具对环境的影响降到最小。

基于以上目的，家具的绿色设计将紧紧围绕 "3R" 和 "3E" 的原则。"3R" 是 Reduce ——减量、减少不必要的浪费，Reuse——重复利用，Recycle——回收再加工；"3E" 是指 Economic——节省资源、商品和包装、消耗较少的材料，Ecological——选择对自然环境伤害最小的家具，以保护环境，Equitable——人体工学原则和平等精神。绿色家具设计的主要内容包含设计材料原则、家具产品的拆卸、回收技术和绿色家具的评价，如图 4-74、图 4-75 所示。

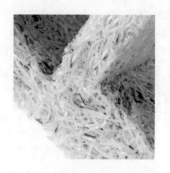

图 4-74 碎纸桌

图 4-74 所示为设计者将废弃文件的碎片用树脂混合，然后进行压缩成型，制成的桌子有着和木头一样坚硬度。

图 4-75　租房族"轻"布置系列（天津美术学院学生郭亚秋设计）

　　设计说明： 此设计运用废旧报纸作为原材料。设计对象主要面向租房族，此设计中的"轻"指性价比高、方便组装、占地面积小、环保等优点。

4.6.3　个性化、多元化设计

　　随着世界现代化进程的发展，特别是物质生活极大丰富的今天，人们追求个性的心理在日益加强。在这个特征需求的驱动下，家具设计的理念也逐步向多层次的文化意识上靠拢，人们追求具有风格、特色、意境与富有创意的多元化家具。这充分说明了在现代设计中，追求和充分展现家具个性特征已成为设计师在家具设计中的又一重要原则。

图 4-76　公共空间座椅

当然，这种个性化与多元化的设计不是一朝一夕能完成的。它必须在继承和发展传统文化的基础上以创新求异的精神为先导，并辅以深厚的艺术底蕴和宽广的设计视野，通过不断开阔思路、大胆实践，在长期刻苦训练和积累的基础上才能得以形成，如图4-76、图4-77所示。

图4-76所示的这件作品使用聚乙烯软管和不锈钢结构设计而成的。座椅利用自然形态所创造出来的柔美曲线和有机形态表现出了非传统、戏剧化的创新风格特点。

图 4-77　柜子

本章小结 ■■■

本章首先阐述了中国从商周至明清以来家具发展和演化的历史，同时按照国外家具发展的各个典型时期家具在造型、工艺、材料及装饰手法上的显著特点进行了系统的描述，并对未来家具设计的发展新型了判断分析。

思考题 ■■■

1. 明清风格的家具具有哪些特点？

2. 现代主义风格家具经历了哪几个时期？分别具有什么样的特点？

3. 未来家具设计发展的趋势是怎样的？

课堂实训 ■■■

1. 结合中国传统家具的特点设计一组现代家具。

要求：在现代的基础上融入明清家具的元素对形体进行塑造。

2. 结合西方传统家具的特点设计一组现代家具。

要求：在现代的基础上融入西方家具的传统元素（时期不限）对形体进行塑造。

第**5**章

家具造型设计

　　造型是物体形式通过点、线、面、体为主要符号所表现出来的视觉语言。家具造型设计的"形态"决定了家具的"形状"，它不仅赋予了家具的功能，也赋予了家具的形式美，同时家具的"色彩肌理"与"表面装饰"决定了家具造型的外观性质，它们赋予了家具的艺术美和特殊的文化意义。

引导案例：

图 5-1 所示为文城椅。这款椅子结合了明清家具玫瑰椅的特点，椅背较矮，椅背上半部分融入了徽派建筑特色——马头墙的元素，与中国文字相结合，意为皖南韵味。而坐垫设计成圆形也是结合了家家有"天井"这一习俗。（此设计为天津美术学院学生韩旭作品）

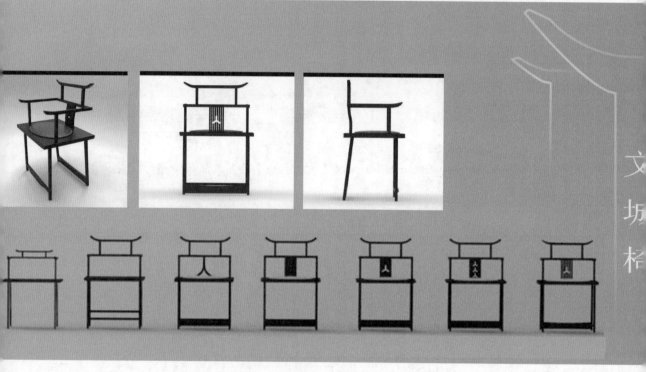

图 5-1　文城椅

5.1　家具形态的构成要素

造型设计的形体主要是靠人们的视觉感受到的，而人们视觉所接触到的东西总称为"形"，而形又具有不同的特征，如大小、方圆、厚薄、宽窄、高低等，总体称之为"形态"。

从形态要素的角度来看，无论家具外部形态给人什么样的感觉，是复杂还是简单，直线还是曲线，都是由其形态的基本造型元素"点""线""面""体"构成的。

■ 5.1.1　点

点是形态构成中最基本的一或是最小的构成单位。"点"一般理解为是圆形的，三角形、星形及其他不规则的形状，只要它与对照物之比显得很小时，都可称为点，如图 5-2 所示。

圆点

方点

角点

不规则形点

图 5-2　点的形态

　　在两个点的情况下，两点中产生一种眼睛看不见的（暗示）线，有着互相吸引的特征，使人注意力保持平衡。随着点的数量的增加，这种直线感觉更加强烈。当点有大小时，它使人感觉到注意力则从大移向小，起着过渡和联系的作用，如图 5-3 所示。

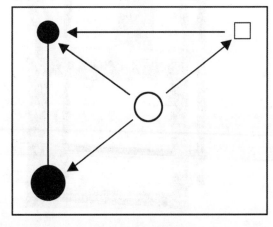

图 5-3　点的暗示作用

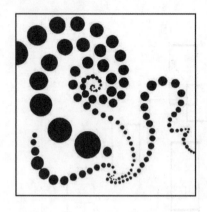 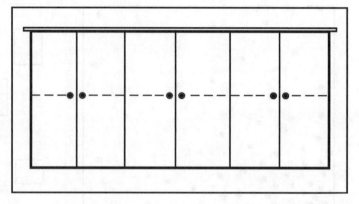

图 5-3　点的暗示作用（续）

　　家具造型设计中，可以借助于"点"的各种表现特征，加以适当的运用，同样能取得很好的表现效果，如图 5-4、图 5-5、图 5-6 所示。

图 5-4　点在现代家具中的应用

图 5-5　点在现代家具中的应用

图 5-6　点在传统家具中的应用

图 5-4 所示的家具带有金属拉手。这些金属部件在家具中是必不可少的，既有很强的实用性，又有很强的装饰性，而且金属拉手通过与整件家具的对比形成了点的特征。通过点与点等距排列，形成了秩序的美感，打破了家具的单调感，使立面造型丰富，在整件家具的整体形态上起着画龙点睛的作用。而点与点之间的暗示线，在线性上与整件家具的直线形体相呼应，同时点与点之间还有着互相吸引、保持平衡的作用。

图 5-5 所示的沙发设计中采用了不同的处理方式，由于沙发表面采用大面积的织物，通过表面织物自身的色彩图案对形体进行实用性的装饰，充分发挥表面织物中"点"（图案）的灵活性。变距的排列使家具形态显得轻快活泼。

中国传统家具中非常重视点，在家具上安装一些金属附件，或如图 5-6 所示的明式圈椅中，在靠背板的适当部位以小面积的精致镂雕进行装饰，构图灵活、形象生动、刀法圆润、层次分明，并与大面积的素底形成强烈对比，起到画龙点睛的作用，使家具的整体显得简洁明快。而这些小面积的镂雕我们可以看作整件家具形态中"点"的处理。

家具造型中点的应用非常广泛，它不仅是功能结构的需要（各种五金件），也是装饰的一部分。通过点的排列组合或局部点缀，使家具在造型上美轮美奂，富有整体性和韵律感。

■■5.1.2　线

线是点移动的轨迹，是具有长度的一维空间，当把线断开分离后，仍能保持线的感觉时，可称为线的点化，如图 5-7 所示，把点排成一列时，则出现线的感觉，可称为点的线化，如图 5-8 所示，因此可认为线是点移动的轨迹，如图 5-9 所示。

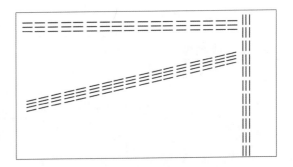

图 5-7　线的点化

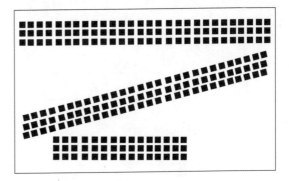

图 5-8　点的线化

图 5-9　线的形成

在造型设计中，线是造型艺术的灵魂，是构成一切物体轮廓的基本要素。各类物体所包含的面及立体，都可用线来表现出来，它比点的表现力更强。造型形态设计中的线在平面中必须有宽度，在空间中必须有粗细，以长度和方向为主要特征，线的曲直运动和空间构成能表现出所有的家具的造型形态。

线的表情特征主要随线形的长度、粗细、位置的变化而有所不同，从而使人们产生不同的视觉心理感受。线有动静之分、虚实之别，一般直线表示静，曲线表示动，在造型中，线是最能表达物体情感特征的元素（见表 5-1）。

表 5-1　线的表情

类型		表情特征
直线	水平线	扩展、开阔、平静、安定、快速
	垂直线	上升、严肃、端正、肃穆
	斜线	飞跃、下滑
	粗线	强劲、有利、厚重、粗笨
	细线	秀气、敏锐、柔软、锐利
曲线	弧线	弧线有椭圆和圆形两类；圆弧线有充实、饱满之感，椭圆形除有弧形线的特点外，还有柔软的感觉
	双曲线	对称的平衡美和流动感
	抛物线	近于流线型，有较强的速度感
	自由曲线	自由、轻快、随意、软弱、极富表现力 "C"形曲线简洁、柔和、华丽。"S"形曲线优雅、抒情、高贵、丰富。涡形曲线华丽、协调

家具造型设计中的线型可分为六种。

1. 直线构成家具

图 5-10　柜子

给人以刚强、稳重、简洁之感；配以金属、玻璃等材料使家具的形体更加富于现代时尚气息，使其富于"力"的表现，如图 5-10 所示。

图 5-10 所示柜子的设计整体以直线型为主，以便于大量地存储物品，这是基于家具本身实用的角度来考虑的。在柜体立面采用了大量的水平线与垂直线来划分空间，柜体立面上采用水平线给人舒展、安定的效果，而与其对比的垂直线则给人以庄重、挺拔质感；同时立面上的柜体采取了形体渐变的形式，使整个形体在整体线性统一的基础上，带有节奏感的变化，既有实用性，又使柜体的外表面富于变化。下部直线型金属支脚与上部的直线形柜体既有材质的对比，又有形体的统一。

2. 曲线构成家具

因其线条的柔和、流畅、多变等动感表现，在家具设计中常体现出"动"的美，从古至今被大量应用，塑造出具有优雅、轻盈、极具女性婉约之美的家具造型，如图 5-11、图 5-12 所示。

图 5-11　网状座椅

图 5-13　休闲椅

图 5-13 所示休闲椅的设计以大量的斜线塑造形体,是对传统造型形式的一种突破。充分利用斜线的动态感、活泼感来表达设计的情感因素;同时把椅腿设计成放射性多足结构则是为了体现出视觉与形式上的稳定性。

4. 直线与曲线结合构成的家具

将直线与曲线结合,使其既具有直线的稳健、挺拔的感觉,又具有曲线流畅、活泼的特点,刚柔并济、动静结合、神形兼备,如图 5-14 所示。

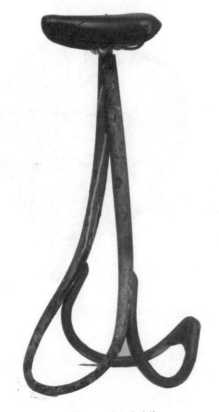

图 5-12　自行车座椅

图 5-10 所示为利用蒸汽对橡木进行弯曲,进而创造出这个漂亮的网状作品。

3. 斜线型构成家具

具有散射、突破、活动、变化及不安定感,在家具设计中应合理使用,可取得静中有动、变化而统一的效果,如图 5-13 所示。

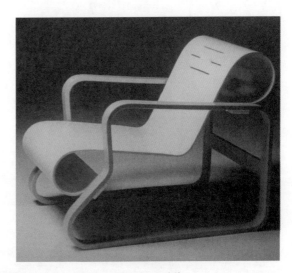

图 5-14　扶手椅

图 5-14 所示扶手椅的椅背和坐面利用曲线设计成弯曲的卷形，是由一张弯曲成型的桦木胶合板制成的。椅座和椅背的夹角呈 110 度，符合人体工程学对休息用椅的要求。胶合板两端弯曲后固定在横杆上，当人们坐下时会产生弹性。最引人注意的就是其座面和靠背的圆弧形转折。它不仅使整件家具外形流畅，而且满足了结构和使用功能的要求。靠背上部的四条开口也很有趣，它既起到了装饰效果，也可以在使用中成为通气口，因为此处是人体与家具最直接的接触部位。

5. 直线与斜线结合构成的家具

将直线与斜线结合，使其既具有直线的稳健、挺拔的感觉，又具有斜线多变、跳跃的特点，两者相辅相成，更好地体现了家具的风格特点，如图 5-15 所示。

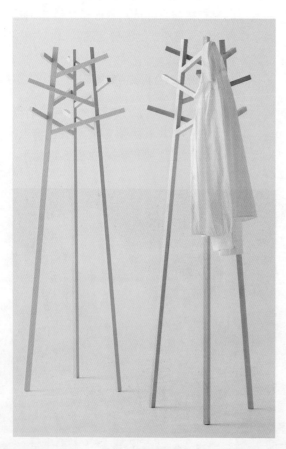

图 5-15　组合式衣架

图 5-15 所示衣架的设计是把两种不同性质的线条组织在一起（直线与斜线），打破了单一线性的枯燥感。

6. 曲线与斜线相结合

利用两种带有变化韵律的线性组织家具形式，突出外型的动态感和多变性，同时带有一定的趣味性。但由于曲线和斜线都具有不定性和变化性，所以在组织形体时，应该注意两者的主次关系和结合形势，以免出现破坏整体造型的凌乱之感，如图 5-16 所示。

图 5-16　活动式储物架

图 5-16 所示利用了具有动态韵律的曲线与斜线塑造形体，整件家具的外型虽然具有很强的动态感和多变性，但也是按一定的规律串联起来的，并没破坏整体的统一性。以圆形为框架，框架内部的斜线通过平均分组的形式与外圆的圆心进行有规律的组合，使之成为一个有机的整体造型，并带有很强的趣味性。虽然相对于直线，曲线与斜线的处理略显烦琐，但只要通过合理的组织，同样可以获得很好的表现效果。

线是组成家具的重要元素之一，是不可忽视的。无论是以稳固、坚定的直线形塑造家具形体，还是以其婉转、柔和的曲线装饰家具，线都起到决定性作用，通过线体现家具的风格特色。

5.1.3　面（形）

面是由点的扩大、线的移动形成的，具有两度空间（长度和宽度）的特点。通过切断可以得到新的面，由于切的方法不同，可以得到各种形状的面，如图 5-17 所示。

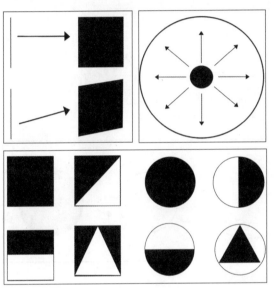

图 5-17　面的构成

面可以分为平面和曲面。平面有垂直面、水平面和斜面；曲面有几何曲面和自由曲面。不同形状的面具有不同的表现特征，给人的感觉也不同。

正方形、正三角形、圆形等，由于它们的周边"比率"不变，具有确定性、规整性、构造单纯的特点，一般表现为稳定、安静、严肃和端庄的感觉。

矩形、多边形是一种不确定的平面形，富于变化，具有丰富、活跃、轻快的感觉，而且边越多越接近曲面。

弯曲的曲面一般给人以温和、柔软和动态感，它和平面同时运用会产生对比效果，是构成丰富的家具造型的重要手段。

面是家具造型设计中重要的构成因素，所有的人造板材都是面的形态，有了面家具才具有实用的功能并构成体。在家具造型设计中，我们可以恰当运用各种不同形状的面、不同方向的面的组合，以构成不同风格、不同样式的丰富多彩的家具造型，如图 5-18、图 5-19 所示。

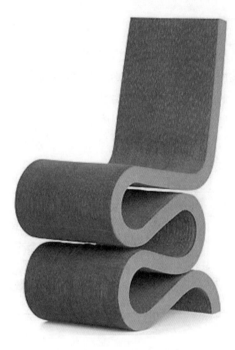

图 5-18　Wiggle 边椅

图 5-18 所示的 Wiggle 边椅的设计突出了形体的条理性。通过重复弯曲的曲线形成曲面形体，侧面的轮廓好似从压面机里扭转而出的重复弯曲的面片，在给人心里以柔软感觉的同时又具有多变、丰富的视觉感受。虽然使用了波浪状纸板，但椅背、椅座和双腕的支撑由一条连续的曲线和隐藏的螺丝铆合，因而相当牢固。利用有条理的曲面形状进行形体塑造，能充分体现设计者的个性，表达一定的思想感情，给家具带来一定的生命力。

图 5-19　休闲椅

利用各种形状的面作为家具造型或家具的局部装饰，在面的设计中纳入点和线的设计元素，会使家具富有变化，并且能够形成不同风格和时代气息的家具式样，所以在设计构思时一定要牢牢掌握这些设计语言，使之成为最有利的表达工具。

5.1.4　体

体是由点、线、面包围起来所构成的三度空间（具有高度、深度及宽度或长度）。所有体都是由面的移动、旋转或包围而占有一定的空间所形成的，如图 5-20 所示。

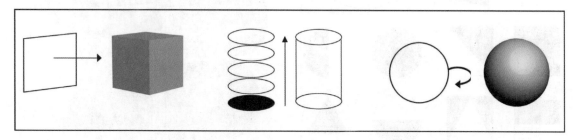

图 5-20　体的形成

体有几何体和非几何体两大类。几何体包括正方体、长方体、圆锥体、圆柱体、三棱锥、多棱锥、球体等。而非几何体则泛指一切不规则的形体。几何体，特别是长方体在家具造型中被广泛应用，如图 5-21 所示；而非几何体中仿生的有机体也是家具造型经常采用的形体，如图 5-22 所示。

图 5-21　长方体在家具造型中的应用

图 5-22　非几何形体在仿生设计中的运用

体可以分为实体和虚体两种形式。

（1）由块立体构成或由面包围而成的体叫实体，在家具设计上表现为封闭式家具，实体给人以重量、稳固、封闭、围合性强的感受，如图 5-23 所示。

（2）由线构成或由面、线结合构成，以及具有开放空间的面构成的体称为虚体，在家具设计上表现为开放式家具，也就是家具造型的轮廓线中除了有实体之外，尚有一定的空间，如图 5-24 所示。

图 5-23　由面包围而成的实体家具

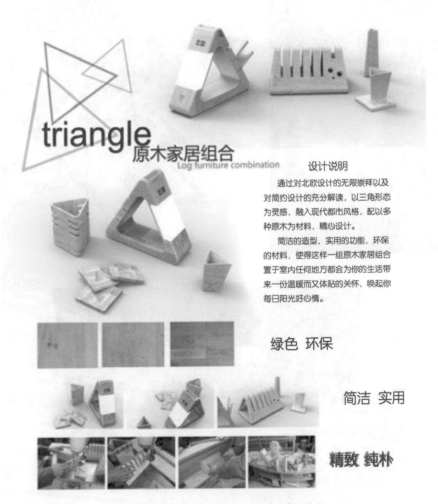

triangle 原木家居组合
Log furniture combination

设计说明

通过对北欧设计的无限崇拜以及对简约设计的充分解读，以三角形态为灵感，融入现代都市风格，配以多种原木为材料，精心设计。

简洁的造型，实用的功能，环保的材料，使得这样一组原木家居组合置于室内任何地方都会为你的生活带来一份温暖而又体贴的关怀，唤起你每日阳光好心情。

绿色 环保

简洁 实用

精致 纯朴

图 5-24　原木家居组合（天津美术学院学生高远设计）

设计说明：通过对北欧设计风格的崇拜以及对简约设计的充分解读，以三角形态为灵感，融入现代都市风格，配以多种原木材料，绿色环保，匠心独运。

简洁的造型、实用的功能、环保的材料，使得这样一组原木家居组合置于室内任何地方都会为你的生活带来一份温暖而又体贴的关怀，唤起你每日阳光好心情。

虚体根据其空间的开放形式又可分为通透型、开敞型与隔透型三种形式，如图5-25所示。

（1）通透型。即用线或面围合的空间，至少有一个空间不加封闭，保持前后或左右贯通。

（2）开敞型。即盒子式的虚体，保持一个方向无遮拦，向外开敞。

（3）隔透型。即用玻璃等透明材料做面，在一向或多向形成具有视觉上的开敞型，也是虚体的一种表现形式。

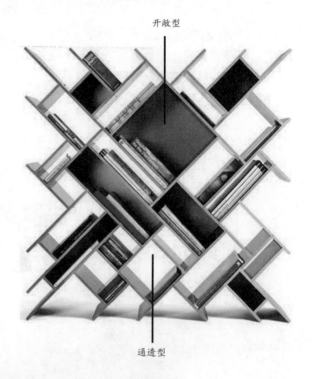

开敞型

通透型

隔透型

图 5-25　虚体的类型

体的虚实之分是产生视觉上体量感的决定因素，也是丰富家具造型的重要手段之一。没有实的部分，整个家具就会显得软弱无力，而没有虚的部分，则会使人感到呆板，所以在设计中要充分注意体块的虚、实处理给家具造型带来的丰富变化，如虚实、凹凸、光影、开合等处理手法的综合运用。将两者巧妙地结合在一起并借助于各自的特点相互依托，才能使家具的形体具有既轻巧又稳重的良好视觉效果，如图 5-26、图 5-27 所示。

图 5-26 所示展示架的设计利用形体与形体之间的大小、疏密、凹凸、虚实等手法对形体进行串联。不同大小及不同方向的组合为整件家具增加了动态感与趣味性；虚实则是为了体现家具的体量关系，通过实体对虚体进行有效的补充，增加家具的稳定感；而凹凸的运用则是了层次感的体现，同时表面绿色的选择又为这件家具增添了几分自然的气息。设计师在创作过程中综合了多种设计手法对形体进行有机的组合，使这件家具个性鲜明、样式突出。

图 5-27 所示的抽屉柜的设计是设计师通过罗列组合的方式对形体进行塑造。而这种罗列组合与传统的罗列手法不同，是一种全新的尝试，利用大小不同的抽屉（每一个抽屉都可以看成一个"体"）以一种很随意的方式进行罗列，形体中所有的抽屉由一根绑带绑定，形成一种非常自然的感觉。每一个抽屉都有各自不同的倾斜角度，而且层次感丰富，从不同的角度观察可以得到不同的视觉效果。整件家具构思巧妙，颇具艺术感。

体是塑造家具造型最基本的设计手法，在设计中掌握和运用立体形态的基本要素，通过体量的有机结合，同时借助于不同的材质肌理、色彩，可以创作出千变万化的家具造型。

图 5-26　展示架

图 5-27　抽屉柜

5.2　家具造型设计中的色彩与肌理

■ 5.2.1　色彩

色彩是家具造型的基本构成要素之一，在视觉上给人以心理与生理的感受与联想。由于色彩比形状具有更直观、更强烈、更吸引人的魅力，因此色彩处理的好坏，常会对家具造型产生很大的影响，所以学习和掌握色彩的基本规律，并在设计中加以恰当的运用，是十分必要的。

1. 色彩的三要素

色彩学上将色相（色调）、明度（亮度）、纯度（彩度）称为色彩的三要素，或称为色彩的三种基本属性。

（1）色相

色相是指各种色彩的像貌和名称。如红、橙、黄、绿、蓝、紫、黑、白及各种间色、复色等都是不同的色相。所谓色相，主要是用来区分各种不同的色彩。

（2）明度

明度也称亮度，即色彩的明暗程度。明度有两种含义，一是指色彩加黑或白之后产生的深浅变化，如红加黑则越暗、越浓；加白或黄则越来越明亮；二是指色彩本身的明度，如白与黄明度高（色明快），紫明度则低（色暗淡），橙与红和绿与蓝介于两者之间。

（3）纯度

纯度也称彩度，是指色的鲜明程度，即色彩中色素的饱和程度的差别。原色和间色是标准纯色，色彩鲜明饱满，所以在纯度上亦称"正色"或"饱和色"。如加入白色，纯度减弱（成"未饱和色"）而明度增强了（成为"明调"）；如加入黑色，纯度同样减弱，但明度也随之减弱，

则为"暗调"。

2. 色彩的效应

色彩的效应可分为物理效应和心理效应。所谓物理效应就是反映冷暖、远近、轻重、大小等，这不但是由于物体本身对光的吸收和反射不同的结果，而且还存在着物体间的相互作用的关系所形成的错觉，而心理效应则是人们通过观察不同的色彩所产生的不同心理变化。

（1）色彩的物理效应

① 温度感。在色彩学中，把不同色相的色彩分为暖色、冷色和温色，从红紫、红、橙、黄到黄绿色称为热色，以橙色最暖。从青紫、青至青绿色称冷色，以青色为最冷。紫色是红与青色混合而成，绿色是黄与青混合而成，因此是温色。这和人类长期的感觉经验是一致的，如红色、黄色，使人联想到太阳、火等，感觉暖；而冷色如蓝色，使人联想到海洋，感觉凉爽。但是色彩的冷暖既有绝对性，也有相对性，越靠近橙色，色感越暖，越靠近青色，色感越冷。如红比红橙较冷，红比紫较暖，但不能说红是冷色。

② 距离感。色彩可以使人感觉进退、凹凸、远近的不同，一般暖色系和明度高的色彩具有前进、凸出、接近的效果，而冷色系和明度较低的色彩则具有后退、凹进、远离的效果。室内设计中常利用色彩的这些特点去改变空间的大小和高低。

③ 重量感。色彩的重量感主要取决于明度和纯度，明度和纯度高的显得轻，如桃红、浅黄色；明度低的显得重，如黑色、熟褐等。在家具设计中常以此达到平衡和稳定的需要，以及表现性格的需要，如轻飘、庄重等。

④ 尺度感。色彩对物体大小的作用，包括

色相和明度两个因素。暖色和明度高的色彩具有扩散作用，因此物体显得大，而冷色和暗色则具有内聚作用，因此物体显得小。不同的明度和冷暖有时也通过对比作用显示出来，室内不同家具、物体的大小和整个室内空间的色彩处理有密切的关系，可以利用色彩来改变物体的尺度、体积和空间感，使室内各部分之间关系更为协调。

（2）色彩的心理效应（见表 5-2）

色彩有着丰富的含义和象征，不同的色彩会对人们的心理产生不同的心理效应。如处在红色、橙色和黄色环境中，人的心理会产生温暖的感觉。见到蓝色，人产生的心理效应则是安静、凉爽甚至寒冷。这是因为红色、橙色和黄色都属于暖色，而蓝色属于冷色，如图 5-28 所示。

表 5-2　色彩的心理效应

色相	联想事物	心理效应
黑	远山	坚实、含蓄、庄严、肃穆、黑暗、罪恶
白	雪	明快、洁净、纯真、平和、神圣、光明
灰	土地	朴实、平凡、空虚、沉默、忧郁
红	血、火光	热烈、华美、华贵、愉快、喜庆、愤怒
橙	太阳	明朗、甜美、柔和、扩张、热烈、华丽
黄	帝王服饰、宫殿	温暖、光明、强烈、扩张、轻巧、干燥
绿	森林、草地	新生、青春、茂盛、安详、宁静、健康
蓝	大海、天空	凉爽、湿润、收缩、沉静、冷淡、锐利
紫	将相服饰	优雅、高贵、神秘、不安、柔和、软弱

图 5-28　红蓝椅

图 5-28 所示是里特维尔特设计的红蓝椅。采用红、黄、蓝三原色作为表面装饰，以垂直和水平线条作为基本的造型要素。垂直线与太阳的照射有关，水平线代表地球绕太阳的运动。其中三原色也均有象征意义，黄色象征阳光，蓝色象征天空，红色是阳光与天空的交会与融合。红蓝椅借由绘画的基本元素：直线和直角（水平与垂直），三原色（红、黄、蓝）和三个非色素（白、灰、黑），这些有限的图案意义与抽象相互结合，象征构成自然的力量和自然本身。

3. 色彩在家具上的应用

（1）色调

家具的着色，很重要的是要有主调（基本色调），也就是应该有色彩的整体感。一般来说，家具的主色调为一色或两色。色调越少，主体特征越强，装饰效果越突出，家具外观形式关系越容易得到统一，如图 5-29、图 5-30 所示。

图 5-29　一色为主的家具

图 5-30　"承"——灯具（天津美术学院学生杨亚设计）

设计说明： 传承使得文化得以延续与发展。江南水乡的建筑与中国汉字的形态都传承着中国博大厚重的文化。而这款灯具正是结合了这两个元素而设计出来的，本身就有了它的文化韵味，庄重、典雅、个性不失沉稳的气质由此而生。在合适的空间环境中，它不仅是理想的照明物品，同时也是极好的装饰品，很好地为其营造气氛。这款灯具所透露的文化气息是体现所拥有者身份和品位的最好方式。

在处理家具色彩的问题上，多采取对比与调和两者并用的方法，但要有主有次，以获得统一中有变化，变化中求统一的整体效果，如图 5-31 所示。

图 5-31　展示架

图 5-31 所示的展示架形体通过线与面的组合形成通透的形式。家具的通体色彩以白色为主色调，这是从功能需求的角度出发，为了更好地突出陈设物。而局部通过点缀的高纯度橙色与蓝色，使家具的整体造型丰富、醒目，同时局部的色彩在和谐的整体色调中得到了加强，体现出统一中有变化，变化中求统一的整体效果。

在色调的具体运用上，主要是掌握好色彩的调配和色彩的配合。主要有以下两个方面。

① 要考虑色相的选择，色相不同，所获得的色彩效果也就不同。这必须从家具的整体出

发，结合功能、造型、环境进行适当选择，如图 5-32、图 5-33 所示。

图 5-32　东方风格室内设计

图 5-33　斯堪的纳维亚风格室内设计

②　在家具造型上进行色彩的调配，要注意掌握好明度的层次。若明度太接近，主次易含混、平淡。一般说来色彩的明度，以稍有间隔为好；但相隔太大则色彩容易失调，如图 5-34、图 5-35 所示。在色彩的配合上，明度的大小还显示出不同的"重量感"，明度高的色彩显得轻快，明度低的色彩显得沉重，在家具设计中常以此达到平衡和稳定的需要。

图 5-34　色彩明度接近的组合

图 5-35　色彩明度对比的组合

（2）色彩配置原则

① 一般用色时，必须注意面积的大小，面积小时，色的纯度可较高，使其醒目突出，如图 5-36 所示；面积大时，色的纯度则可适当降低，避免过于强烈，如柜类的设计，除少数设计要追求远效果以吸引人的视线外，多数选择明度高、纯度低、色相对比小的色彩进行处理，使人感觉明快、舒适、和谐、稳定，如图 5-37 所示。

图 5-37　大面积的色彩配置

② 除色彩面积大小之外，色的形状和纯度也应该有所不同，使它们之间既有大有小，有主有次同时还富于变化。否则，彼此相当，就会出现刺激而呆板的不良效果，如图 5-38、图 5-39 所示。

图 5-36　宜家椅子

图 5-38　折叠桌椅　　　　　　　　　　　　图 5-39　沙发

③ 色块的位置分布对色彩的艺术效果也有很大影响，如当两对比色相比邻时，对比就强烈，如图 5-40 所示；如两色中间隔有中性色，则对比效果就有所减弱，如图 5-41 所示。

图 5-40　相邻对比色的运用　　　　　　　　图 5-41　隔有中性色的运用

4. 家具色彩与室内色彩的关系

　　家具的色彩对整个室内空间氛围的营造起到重要的作用，在处理家具色彩与室内色彩的关系时，应遵循"统一与变化"的原则。家具的色彩应建立在整体室内空间色彩的基础之上，要和室内空间各界面尽量协调统一。但过分统一又会使空间显得呆板、单调。因此，在统一的基础上，家具的色彩还应通过少量的对比产生适当变化，充分做到统一中求变化，变化中求统一，如图 5-42、图 5-43、图 5-44、图 5-45 所示。

图 5-42　利用风格决定家具色彩

图 5-44　利用空间特点突出家具色彩

图 5-43　利用空间特点突出家具色彩

图 5-45　利用空间特点突出家具色彩

　　图 5-42 所示采取了利用风格决定家具色彩的方法。由于整体风格定义为现代中式，所以选用了沉稳的深色调家具。这是从中式风格的特点出发的，同时又与背景墙体的深色木质造型形成统一，而沙发局部的白色又与整体空间色调形成强烈的明暗对比。虽然增加了色彩的层次，但它们之间的对比过于强烈。为了使整体空间色调和谐，通过墙体带有色彩倾向的灰色壁纸对两种色彩进行了过渡，使空间色调达到了一种稳定的均衡感，而空间中一些小面积高纯度的点缀性色彩，丰富了空间的色彩变化。

　　整个空间色调遵循着变化与统一的原则对色彩进行合理的搭配。

　　图 5-43 所示采取了利用空间特点突出家具色彩的方法。为了衬托出室内浅色的家具，使之感觉更为亲切，在地面颜色的选择上采用深色的地面将房间的尺寸缩小，使空间中家具的色彩突出。

　　图 5-44 所示由于室内采光条件较好，宜选择浅色调、中性色调的家具，使室内空间显得明亮淡雅；采光条件较差的室内宜采用纯度高

的家具，以突出家具造型。

图 5-45 所示由于室内空间面积较大，所以在家具色彩的选择上采用了与墙面对比的方法，皆以突出家具为目的，同时发挥墙面的背景作用，以减少房间的空旷感。

室内中任何家具色彩都不应孤立出现，需要同类色（或明度相似）与之呼应，不同对比色彩要相互交织布置，以形成相互穿插的生动布局，但须注意色彩间的相互位置应当均衡，勿使一种色彩过于集中而失去均衡感，体现出室内的色彩层次以及之间的关系，如图 5-46、图 5-47 所示。

图 5-46 所示采用了同类色之间的呼应对整个室内空间中的色彩进行组织，地面交通空间的蓝色与家具局部的蓝色形成呼应；墙体的红褐色与座椅靠背的颜色形成色相上的呼应，同时在冷暖上进行了区分；黄色的餐椅又与局部的沙发靠枕取得联系，虽然整个空间色彩变化较多，但由于遵循着相互色彩呼应的搭配原则，整个空间色彩体现出一种均衡感。

5. 家具色彩应符合不同人群的需求

每一种色彩都具有它自身的性格，如高纯度、高明度的色彩常给人一种华丽感，反之则显得朴实。暖色系、高明度的色彩能给人一种面积大的前进感；冷色系、低明度的色彩则给人一种小面积的后退感。同样不同的人群对色彩的喜好也有所不同，如男性较喜欢冷色；女性则偏好暖色或高亮度、高纯度的色彩；儿童喜好纯色，如图 5-48、图 5-49 所示；老年人偏好浊色；中年人偏好冷灰色等。因此，家具的色彩要因人而异。

图 5-46 室内同类色之间的呼应

图 5-47 室内同类色之间的呼应

图 5-48 儿童房家具

　　由于儿童注意力不够持久，情绪稳定性也较差，所以在家具色彩的选择上可采用绚丽的色彩，同时借助模拟的手法塑造形体来激发儿童的视觉神经，以提高想象力和对事物的认知能力，如图 5-48 所示。

　　色彩在家具的具体应用上，绝不能脱离实际，孤立地追求其色彩效果，而应从家具的使用功能、造型特点、材料、工艺结合使用环境、使用人群等条件全面地综合考虑，并给予适当的运用。

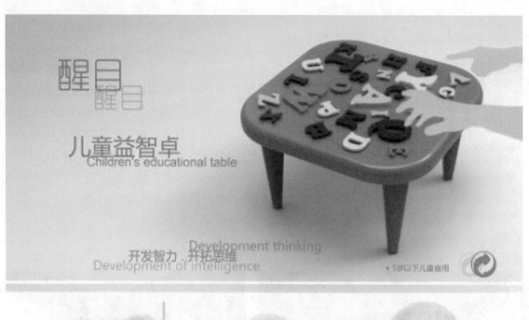

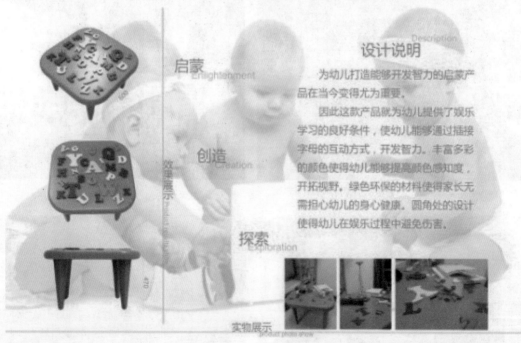

图 5-49　"醒目"儿童家具（天津美术学院学生陈腾飞设计）

　　设计说明：从儿童智力开发为出发点，让孩子从小培养对学习的兴趣，让孩子在游戏中潜移默化地受到教育。并且此设计外观新颖，色彩大胆丰富，材料安全环保，符合儿童产品的要求。

图 5-49 所示的这款产品为儿童提供了游戏与学习的良好条件，使儿童通过插接字母的互动方式，开发智力。丰富多彩的颜色使得幼儿能够提高颜色感知度，开阔视野。绿色环保的材料使得家长无须担心幼儿的身心健康。圆角处的设计使得幼儿在娱乐过程中避免伤害。

5.2.2 质感与肌理

在家具的处理上，质感的处理和运用也是很重要的手段之一。所谓质感是指家具表面质地的感觉，也就是材质的表面组织结构，是材质固有的或精加工而形成的，如图 5-50 所示。

不同的材质给人以不同的感觉。如木质给人以温暖、轻软、弹性、透气和韧性之感，显示出一种雅静的表现力；金属给人以坚硬、光泽、冷静、凝重、不透气的感觉，更多地表现出一种工业化的现代感；塑料显现出的是柔软、细密、弹性和不透气的质感；竹子则表现出坚硬、凉快和轻滑的质感；藤表现出的是柔韧、轻软和透气的质感；织物表现出的是柔软、温暖和透气的质感；石材表现出厚重、沉稳、奢华的质感；玻璃表现出通透、轻巧、易碎的质感。而且同一造型的家具，表面采用不同的质感，所获得的外观也截然不同，各有意趣。

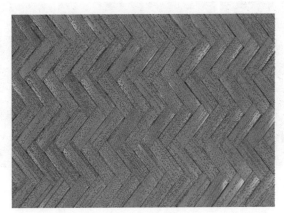

竹材

金属与织物

图 5-50　不同材质的质感

玻璃与石材

木质

图 5-50　不同材质的质感（续）

质感可分为两种基本类：一种是触觉，就是在触摸时可以感觉出来的触觉效果；另一种是视觉，就是物体表面的通过视觉感受到的各种特征（见表 5-3）。

表 5-3　质感的类型

质感的类型	
触觉	视觉
软与硬	有光与无光
热与冷	细腻与粗糙
粗与细	有纹理与无纹理
凹与凸	

家具的表面效果是极其重要的，为了在造型设计中获得良好的质感效果，可以从两个方面进行把握：一是注重显示材料本身所具有的天然质感，尽可能地体现出材料的自然美，如图 5-51、图 5-52、图 5-53、图 5-54 所示；二是利用不同质感的材料进行搭配使用，也就是说，既可以通过不同质感的材料增加造型变化，也可以在同一种材料上运用不同的加工处理，得到不同的艺术效果，如图 5-55、图 5-56 所示。

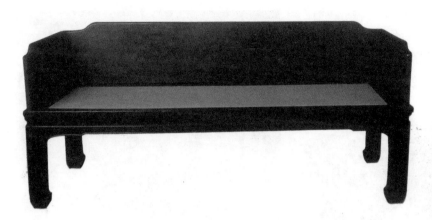

鸡翅木

图 5-51 鸡翅木罗汉床

图 5-51 所示为明末清初罗汉床。中国传统家具在设计制作中往往充分利用木质材料纹理天然之美，不加掩饰充分显示木材纹理和天然色泽，不加油漆涂饰，表面处理用打蜡或透明大漆。使木质的天然纹理更加透彻鲜润，呈现出家具朴素简雅的风采。此床多用整板，无雕饰，以突出鸡翅木优美的纹理。

小贴士：

鸡翅木又作"杞梓木"，因其木质纹理酷似鸡的翅膀，故名。鸡翅木有新、老的说法，新者木质粗糙，紫黑相间，纹理浑浊不清，僵直呆板，木丝容易翘裂起茬儿；老者纹理细腻，有紫褐色深浅相间的蟹爪纹，细看酷似鸡的翅膀，尤其是纵切面，木纹纤细浮动，变化无穷，自然形成各种山水、人物或风景图案。

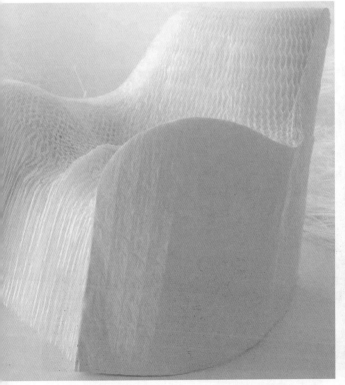

图 5-52 蜂蜜溢出椅

图 5-52 所示利用半透明纸张进行准确剪切
与结合，构成具有蜂巢外观的结构。在充分理
解和尊重材料及使用语境的前提下，作品的质
感被表现得淋漓尽致。

图 5-53　椅子

图 5-54　座椅

图 5-53 所示是为了区别于那些默默无闻的产品，该设计将许多长短不同的小木料进行构成搭
建，看似随意选取的材料，在严格的限制条件下被设计师精心组装出来。

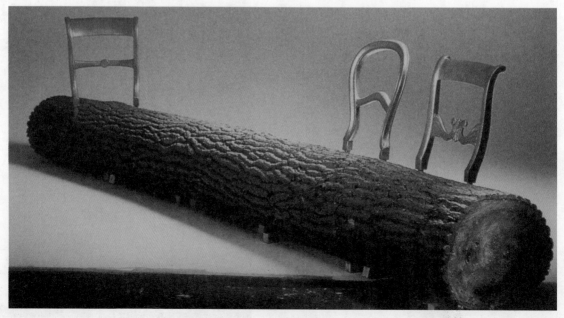

图 5-55　树干长椅

图 5-56　储物柜

图 5-55 所示的整个长椅以原木为椅面，黄铜为靠背。利用两种不同的材质对家具形体进行塑造，通过木质与金属的搭配，在材质上形成"软与硬"的对比；在质感上，通过自然的、未经人工处理的原木与人工打造的靠背形成"自然与人工""粗糙与细腻"的对比。整件家具充分发挥了材料原有的特征和人为加工的特点，选用不同的材质和处理方法，增加造型的变化，进而丰富视觉感受。

图 5-56 所示储物柜在同一种材料上，运用不同的涂饰方法对家具表面进行处理。整件家具的三分之一处理成细腻的涂刷，另外三分之二暴露出粗糙的"打磨"印记，在面积上形成了"大小"的对比，避免了平均分配产生的形体呆板，同时在质感上形成了"粗与细"的对比，整件家具犹如经历了时间的推移，岁月的更替。

在家具设计中，应该充分利用材质本身的质感，尤其要充分利用不同材质间的搭配组合，通过彼此间的组合应用和对比创作手法获得生动的家具艺术造型效果。

5.3　家具造型设计中的形式美法则

家具造型设计的美学形式法则就是将家具造型的比例、尺度、变化、统一、均衡、稳定等美学形式与家具的功能和技术性能统一在家具造型设计中，因而它对产品质量的全面提高起着重要的作用。

5.3.1　比例与尺度

1. 比例

比例也叫比率，就是尺寸与尺寸之间的数比。家具具有长、宽、高三者之间的比例，以及家具表面分割的比例，还有构件、零部件之间的比例。即使同一功能的家具，由于比例不同，所得到的艺术效果也会有所不同。而比例形式之所以产生美感，是因为这些形式具有肯定性、简单性与和谐性。可见，良好的比例是求得形式完整、和谐的基本条件。而且优秀的柜类家具设计多采用具有经典比例关系的矩形作为单元。经调查统计，柜类家具造型设计经常会使用特殊矩形进行产品立面的主要形状分割。家具造型设计中常用的比例有以下几种。

（1）黄金比例

黄金比例也就是人们常说的黄金分割，其长宽比例是 1 ： 1.1618 时最为理想，极具简单性与和谐型，因此被认为是最美的比例，在任何造型设计中都得到广泛的应用，如图 5-57 所示。

图 5-57 所示为同样的正方体以不同的比例分割，产生完全不同的感觉。以 1 ： 1 相等比例分割，效果上富于理性而缺乏生动感；以

1 ： 4 较为悬殊的比例分割，对比效果强烈；以 1 ： 1.1618 的黄金比例分割，则感觉异常舒适。

（2）整数比例

整数比例是以正方形为基础派生出的一种比例。这种比例是由 1 ： 1，1 ： 2，1 ： 3 等一系列的整数比构成矩形图形。由于正方形形状方正，派生的系列矩形表现出强烈的节奏感，具有明快、整齐的形式美，如图 5-58 所示。

图 5-58 所示运用整数比例分割形体，计算便捷，适合模块化设计和批量生产的要求。

（3）均方根比例

均方根比例是在以正方形的一边与其对角线所形成的矩形基础上，逐次产生新矩形而形成的比例关系。其比率为 1 ： $\sqrt{2}$ 、1 ： $\sqrt{3}$ 、1 ： $\sqrt{4}$ 等，如图 5-59 所示。

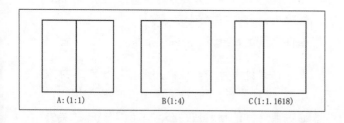

图 5-57 黄金比例

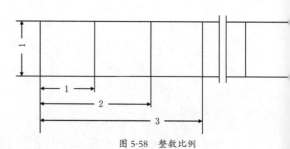

图 5-58 整数比例

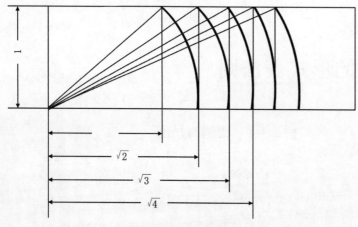

图 5-59 均方根比例

图 5-59 所示为由均方根所形成的矩形系列，数值关系明确，形式肯定，过度和谐，给人以比例协调、自然和韵律强的美感。

（4）中间值比例

由一系列的数值 a、b、c、d 等构成的等式为 a:b = b:c = c:d 就形成了中间值比例系列。用此系列值作为边长所构成的一系列矩形，是以前一个矩形的一边为下一个矩形的邻边，且对角线相互平行推延而成的，它们因具有相似的和谐性而产生美感，如图 5-60 所示。

比例在家具设计中应用广泛，特别是对那些外型按"矩形原则"构成的产品，采用比例分割的艺术处理方法使家具外形给人以肯定、协调、秩序、和谐的美感。

2．尺度

尺度是一种能使物体呈现出恰当的或预期的某种尺寸的特性。家具设计中的尺度是指设计对象的整体或者局部与人的生理结构尺寸或人的特定标准之间的适应关系。

（1）决定尺度的因素

① 取决于人的传统观念。人的传统观念对家具尺度的感觉有着很大的影响，这些传统观念是在人们的文化知识、艺术修养和生活经验的基础上形成的，对家具的部件形式变化和尺寸变化有着一定知觉定式，超出了这个知觉范围，人们就会感到家具过高或过低、过大或过小。

② 取决于空间使用环境。在家具造型处理上要充分考虑家具与空间环境的关系，使之趋于和谐，并以此产生合理的尺度。例如椅类家具有工作用、生产用、生活用等各种不同的用途，由于使用的空间环境不同，那么所产生的尺度也是不同的。

（2）尺度的体现

① 把某个单位形体引入到设计中，使之产生尺度。用这些附加的单位形体因素标定家具空间，给人以具体的尺度感，如图 5-61 所示。

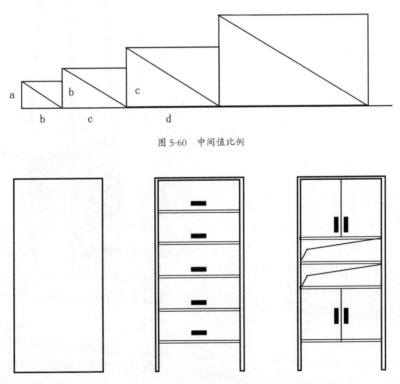

图 5-60　中间值比例

图 5-61　借助附加的单位形体因素获得的尺度感

通过图 5-61 所示的这三个图形可以看出，由于引入了不同的单位形体，如抽屉、箱柜等，就犹如有了一个可见的标尺，使家具的尺度能够简单、自然地判断出来，并通过人对这些小单元的感觉和衡量而产生了一种实际的尺寸感。

② 重视家具与人体的尺寸关系。当人们看到一件家具时，最先想到的就是它是否与自己的身体有着恰当的尺寸关系，这种行为促使人体将自身变成衡量家具的真正尺度，如桌椅的高矮、橱柜搁板的高度等是否符合人体的功能和生活习惯的要求。因此，在家具造型设计中尺度感的获得，首先是合理组织家具及其局部的内在空间、外部体量的形式大小；其次是在物质功能和加工工艺的基础上，产生并形成适合于人体习惯和需要的尺度感。

5.3.2 变化与统一

对比与统一是适用于任何艺术表现的一个普遍法则。在艺术造型中从变化中求统一，统一中求变化，力求统一与对比得到完美的结合，使设计的作品表现得丰富多彩，是家具造型设计中贯穿始终的基本准则。

所谓"对比"，就是把同一因素中不同差异程度的部分组织在一起，产生对照和比较，突出产品某个局部形式的特殊性，使其在整体中表现出明显的差别，以显示和加强家具的外形感染力。

所谓"统一"，就是在一定的条件下，把各个变化的因素有机地统一在一个整体之中，形成主要的基调和风格。具体地说就是创造出共性的东西，如统一的材料、统一的线条、统一的装饰等等，以达到相互联系、彼此和谐的目的。

对比与统一在家具造型设计中主要有以下几种表现形式。

1. 形态的对比与统一

家具造型设计离不开线、面、体和空间，而且常具有各种不同的形状。直线、平面、长方体是家具造型重最常采用的基本形状。弧线、曲线、斜线等在家具造型上也常常采用。但在家具造型中主要以长方体、平面和直线为主，以弧线、曲线和斜线为辅。在以长方体、平面、直线构成的体型上，运用弧线、曲线、斜线破一破方形，能取得较为活泼和丰富多彩的效果，起到活跃、丰富、变化的作用，如图 5-62 所示。

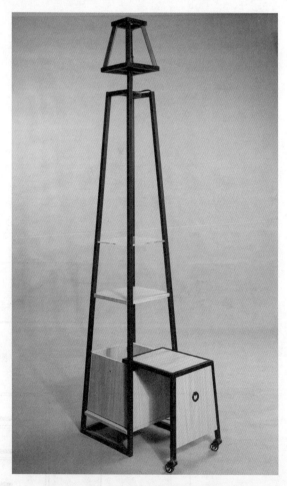

图 5-62 简·架（天津美术学院学生史琳设计）

设计说明： 这款展架设计包含了照明、展示、储物和小坐多种功能，运用了钢木结合的方式来构成了刚柔结合的视觉效果与触感体验。其简单、大方、实用、简约的造型设计让它更加平易近人，让生活更加方便。

这个设计在整体设计中运用了形态的对比手法塑造形体。上部与下部的梯形设计组合体现出家具的纤细、挺拔之感；中间的矩形设计又为家具增添了稳定感。

2. 大小的对比与统一

在家具造型设计中常常运用面积大小的对比与统一的手段达到装饰的效果，用几个较小的体量衬托大体量，以突出重点，避免平淡乏味，如图 5-63、图 5-64 所示。

从图 5-63 所示设计中可以看出，设计师利用不同大小的椅子对形体进行塑造，创造出具有雕塑感的多功能座椅。通过形体大小、方向的组合，使这件家具体现出新的功能。

3. 方向的对比与统一

在成套家具或单件家具的前立面的划分上，常常运用垂直和水平方向的对比来丰富家具的造型，使家具形体即富于变化，又不觉得凌乱，如图 5-65、图 5-66 所示。

图 5-63 多功能座椅

图 5-64 刺椅

图 5-65　抽屉柜

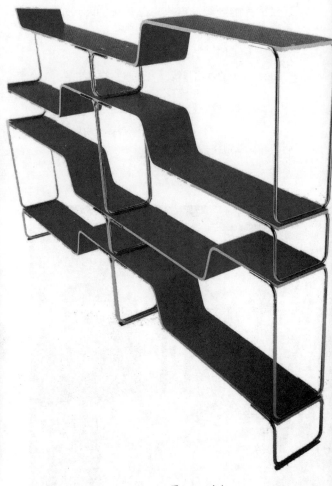

图 5-66　书架

图 5-65 所示的这件抽屉柜的外框采用等腰三角形的形式，两边相等，上小下大，在稳定的基础上给人以视觉的延伸性，稳定中带有动感。内部的矩形的单体抽屉造型给人以水平的感觉，与家具外框形成方向上的对比；但抽屉的组合形式又是以外框的等腰三角形为基准，形成上小下大的垂直型组合，与整体外框形成形式上的统一，同时也增加了层次感。整件家具造型既有整体的统一性，又有局部的对比变化。

图 5-66 所示书架内部的搁板与外部的框架采用了方向性的对比，同时内部搁板之间的纵

向连接又为整个形体带来变化，而且与外部的框架形成方向上的呼应；表面红色使整体造型突出醒目，体现出整体造型的轻巧感。

4. 虚实的对比与统一

家具形象中由立体块构成或由面包体围成的体叫实体；由线构成或由面、线结合构成，以及具有开放空间的面构成的体称为虚体。运用虚实对比的方法，能丰富形体，打破太实、太沉重的感觉，如图 5-67、图 5-68 所示。

图 5-67 所示的多宝格上面是由线围合而成的大小形状各不相同的虚体，用以陈列文物和工艺品，下面是由面包围而成的大小形状完全一致的实体的抽屉与门。上面采用了对比的手法，下面采用了一致的手法，使得整体既富于变化，又具有统一的特点。上虚下实，虽上面的体量大，下面的体量小，但仍不觉得头重脚轻。

图 5-67　清代紫檀雕花多宝格

图 5-68　沙发设计

5. 色彩的对比与统一

家具造型设计可以通过色彩的变化达到装饰的效果,既可在大面积的统一色调中配以少量的对比色,以收到和谐而不平淡的效果,也可在对比色调中穿插一些中性色,或借助于材料质感,以获得彼此和谐的统一效果,如图5-69、图5-70所示。

图5-69所示座椅的外框与内部采用了强烈的黑白对比,为了获得彼此间的和谐统一,座椅内部在白色的基础上采用了黑色的条纹进行装饰,无论从线性上还是从色彩上都与外部的曲线形黑色框架形成了呼应,同时内部的黑色条纹在整体的气氛中得到了加强。

6. 质地的对比与统一

家具制作的材料,一般以木材为主,其他材料有金属、玻璃、塑料、纺织品等,不同的材料、质地常常给人以不同的感觉。在家具造型设计中便可以利用不同材料的质感所产生的对比,丰富家具的艺术造型,取得美观的效果,如图5-71、图5-72所示。

图 5-69

图 5-70 座椅

图 5-71 清代红木嵌螺细理石罗汉床

图 5-72　墩

图 5-71 所示罗汉床通体以红木制成。牙条及腿部嵌螺细折枝花卉，面上五屏风式床围，攒板镶心，中间嵌大理石，边缘嵌螺细折枝花卉通过不同质地的材料对形体进行装饰。整体造型稳重，做工精细，显示出富丽、豪华的艺术效果。

图 5-72 所示以传统家具中的"墩"为造型元素，座面选用现代城市更新改造中最予依赖的水泥，局部配以传统的青花瓷片，材质的视觉对比感强烈。

以上从几个方面分别说明了"对比与统一"在家具造型设计中的作用。当然不能只限于这几个方面。一件家具的造型设计有时不止运用一种方法，而是几种手法同时运用。但过多的运用"对比"或"统一"手法，又会造成不协调的后果，所以这些方法要在具体设计中灵活运用，贵在运用得恰如其分和恰到好处，从而达到变化与统一的艺术效果。

5.3.3　均衡与稳定

1. 对称

对称是家具造型设计中最为广泛的设计手法之一。以中轴线为中心对形体进行塑造，具有很强的视觉平衡感，但有时完全对称的形态会给人以单调、呆板的感觉。所以，在家具造型设计中，有时对于完全对称的形体造型往往通过色彩、材质、虚实等手段打破这种单调、呆板的静态平衡形式，以获得在统一中求变化的视觉效果。在家具造型设计中，常用对称形式主要有以下几种。

（1）镜面对称

镜面对称是最简单的对称形式，在一条假定的垂直或水平的中轴线上做上下或左右的同形、同色、同量的对称处理，就像物体在镜子中的形象一样，这种对称也称为绝对对称，如图 5-73、图 5-74 所示。

图 5-73　装饰柜

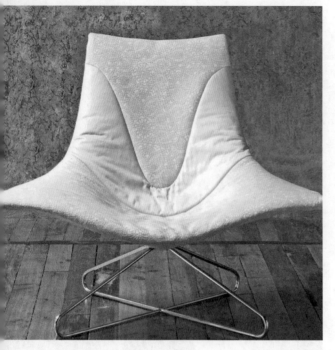

图 5-74　座椅

式时，这种感觉更为明显。为削弱这种感觉，设计者在镜面对称的基础上局部利用斜线以及虚实的变化塑造形体；同时通过丰富的色彩增强视觉感受，形成镜面对称的效果。通过线、面的组合塑造形体，打破了由于镜面对称所带来的呆板、生硬的感觉，在统一中求变化的视觉效果。

图 5-74 所示座椅的设计也是采用镜面对称的形式。由于加入了曲线的设计，相对于图 5-73 的书柜动态感更强，变化更为丰富，同时通过不同的材质、不同的色彩对形体的表面进行装饰，视觉效果非常突出。虽然设计者运用了多种形式塑造形体，但都是以中轴线为依据，形成左右完全相同的镜面对称式设计，通过这种对称形式为整个形体带来稳定感。

（2）相对对称

中轴线两侧或上下物体外形、尺寸相同，但色彩、材质肌理或内部分割方式等有所不同，如图 5-75、图 5-76 所示。

图 5-73 所示的装饰柜以中轴线为参照，形成左右相同的镜面对称的形式，形体稳定，但随之带来的是这种完全对称的形式容易产生呆板、生硬的感觉，尤其是以直线为主要表现形

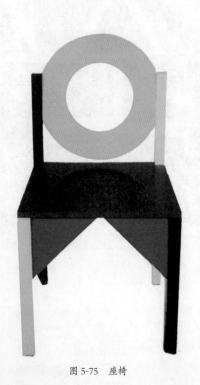

图 5-75　座椅

图 5-76　沙发

图 5-75 所示座椅在形体塑造上以假定的中轴线为中心，利用不同的几何形体在两侧做完全相同的对称式设计，体现出形体的稳定感。然而在表面颜色的处理上，通过椅腿前后左右的颜色互换形成整体上的相对对称，利用色彩的变化对形体进行塑造，丰富了视觉效果，增加了椅子的形体表现力。

相对于镜面对称，相对对称形式更加灵活自由，形体的表现力更强，视觉更加丰富，它可以打破镜面对称所带来的生硬、僵直的平衡形式，获得在统一中富于变化的视觉效果。

（3）轴对称

围绕相应的对称轴用旋转图形的方法塑造形体。它可以是三条、四条、五条、六条等多条中轴线做多面均齐式对称，图形围绕对称轴旋转，并能自相重合，如图 5-77 所示。

（4）旋转对称

以中轴交点为圆心，图形围绕圆心旋转而成的两面、三面、四面、五面等旋转图形，如图 5-78 所示。

图 5-77　轴对称家具造型

图 5-78　座椅

图 5-78 所示的座椅采用旋转对称的方法组织形体，用这种方法设计出来的家具造型有着较强的规律性和逻辑性，给人以稳定、宁静和严格之感，但有时容易给人以呆板的视觉感受，这时可以通过局部的改变打破这种呆板的感觉，为形体带来突破点，形成视觉的变化。

2. 均衡

均衡是对称结构在形式上的发展。用对称的手法设计家具普遍具有整齐、稳定、严谨的效果，但由于家具的功能多样化，在造型上无法全部用对称的手法来表现，所以，均衡也是家具造型的常用手法。

均衡是非对称的平衡，是指一个形式中的两个相对部分不同，但因量的感觉相似而形成的平衡现象。从形式上看，是造型中心轴的两侧形式在外形、尺寸上不相同，但它们使人在视觉和心理上感觉平衡（见表 5-4）。

表 5-4　均衡效果体现表

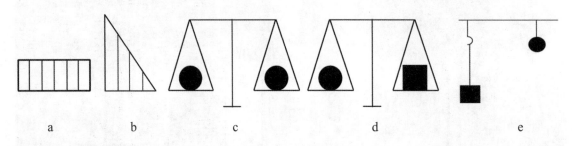

图号	布置法		特点	效果
a	无均衡中心	似对称	中心不明确	动荡、紊乱、平淡、采用时需加明显的均衡中心
b		似均衡		
c	有均衡中心	对称	中轴居中，左右完全对齐	庄重、平稳、宁静
d		均衡对称	中轴居中，左右有所不同，但左右重量感对称	平稳而活跃
e		均衡	中轴偏置，左右完全不同，但左右重量感平衡	活跃

常用的均衡形式有以下两种。

（1）等量均衡

采用对称中求平衡的方式，通过把握图形的均势，使其左右、上下分量相等，以求得平衡效果，这种均衡是对称的演变，如图 5-79、图 5-80 所示。

图 5-80 所示作品由多种器物组成，包括抽屉、桌子和椅子。设计师采用原始而独创的设计语言对各种物品的相互关系进行了重构，通过各部件之间的大小、虚实的对比塑造家具形体，使其左右上下分量相等，形成等量均衡的家具造型。

当然，也可以通过各单体家具或部件之间的色彩、疏密以及明暗的对比实现其左右、上下分量的相等。等量均衡组成的家具，具有变化、活泼、优美的特征。

（2）异量均衡

形体无中心线划分，其形状、大小、位置可以各不相同。在构图中常将一些使用功能不同，大小不一，方向不同，有多有少的形、线、体和空间做不规则的配置，但无论怎么安排，在气势上必须取得统一，如图 5-81 所示。

图 5-79　桌子

图 5-81　异量均衡的家具造型

图 5-80　相互叠加的橱柜

图 5-81 所示沙发采用异量均衡的设计手法，沙发靠背造型尺度夸张，形式自由，而坐面的处理采用了对称的处理手法相对稳定，无论是在造型手法上还是色彩上都形成了强烈的视觉对比，同时在不失重心的原则下把握形体的均衡，给人以活泼、多变、强烈的感觉。

■ 5.3.4 模拟与仿生

大自然永远是设计师取之不尽、用之不竭的设计创造源泉。从艺术的起源来看，人类早期的艺术活动都来源于对自然形态的模仿与提炼。家具是一种具有物质、精神双重功能的物质产品，在不违背人体工学的前提下，进行模拟与仿生，是家具造型设计中的又一重要手法。

1. 模拟

模拟是较为直接地模仿自然形象或通过具象的事物形象来寄寓、暗示、折射某种思想情感。常见的模拟造型手法有以下三种。

（1）整体造型的模拟

家具的整体模拟是在对生物特征较为客观的认知基础上，直接进行产品化的模拟设计。既可以是具象的、直接模拟，也可以通过概括、提炼运用抽象的手法直接再现生物的个性特征。利用整体模拟手法设计的家具形态活泼、可爱，语意清晰、直白，具有较为突出的装饰感和艺术性，如图 5-82、图 5-83、图 5-84 所示。

图 5-82　桌子

图 5-83　儿童家具

图 5-84　趣（天津美术学院学生田秘设计）

设计说明：这款儿童座椅以一只张着大嘴的鲸鱼为原型设计的。张开的大嘴是一个玩具储物空间，无形中增添了一种欢乐喜感。座椅表面附着一层光顺的皮毛使触感更具有亲和力，整体海洋生物造型却身着陆栖动物的皮毛给人一种意料之外的趣味在里面。

家具整体造型的模拟设计，要求在符合家具的概念及功能、材料、人机操作等构成要素需要的同时，还要保持生物概念和形态的个性特征，尽可能从外而内，从局部细节到整体都能够较好地有机结合、协调统一。

（2）局部造型的模拟

主要运用在家具造型的某些功能构件上，如腿脚、扶手、靠背等，有时也有附加的装饰品。被模拟的对象主要以各种生物为主要表现对象，表现形式既可以为写实，也可利用夸张、抽象等手法，如图 5-85、图 5-86 所示。

图 5-85　柜子

明代镂雕龙纹镜台

清代三屏风龙纹围子罗汉床

图 5-86 利用附加的装饰品进行局部模拟设计的家具

在中国传统家具造型中，通常会利用一些动物、植物的造型对家具进行装饰借以表达各种寓意，图 5-86 所示利用中国传统的龙形及龙纹对家具的局部进行装饰。"龙"是中华民族文化的象征之一，在封建帝王时期有着非常严格的禁忌，凡是以"龙形、龙纹"作为装饰的器物，一直被历代帝王所尊崇独享，以示为"真龙天子"的形象，代表着皇权的象征。

家具局部造型的模拟设计，除了要符合家具的概念及功能、材料、人机操作等构成要素的需要，同时还需要设计师对生物特性有敏锐、透彻的观察力和感知力，以及对生命特征的本质理解和较强的抽象思维能力，同时还要具备较高的形态创造、表现和整体把握能力，使家具造型与生物达到从形式到内容的和谐统一。

（3）结合家具功能构件的模拟

对家具的表面进行图案的装饰与形体的简单加工，这种形式多用于儿童家具或娱乐家具。它将各类生物描绘于板件上，然后对板件外型进行简单的裁切加工，使之与板材表面的图案相符合，然后再组装成产品。如将儿童床的侧面采用汽车的侧面造型，并用各种鲜艳的色彩进行涂饰处理，将车轮饰以黑色，将车身饰以红色或黄色等。这是一种难度最小，最容易取得效果的模拟设计方法，如图 5-87、图 5-88、图 5-89 所示。

图 5-87　儿童床

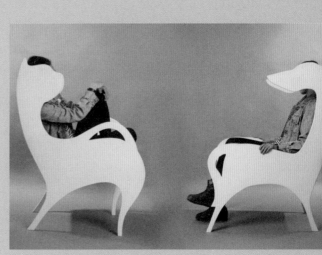

图 5-88　Cat&Dog 坐具设计（天津美术学院学生王筱迪设计）

设计说明： 人与动物之间本来就是亲密的好朋友，而椅子又是生活中接触最多的家具之一。这两者的结合正诠释着我们生活中一些美好而又不可缺失的东西。狗型椅和猫型椅分别扮演着人类社会中男性和女性的角色，人坐在其中，相互看不见对方的脸，也正反映了现代社会人们各行其是，无暇顾及他人的社会现象。

运用模拟设计手法进行创造性的思维，可以给设计者以多方面的启示与启发，使家具产品的造型具有独特、生动的形象和鲜明的个性特征。

图 5-89 小鹿椅（天津美术学院学生史琳设计）

设计说明： 小鹿椅惟妙惟肖、活泼可爱的设计，使人看上去轻松愉悦。在结构的设计上使用了中国古代的榫卯结构，不仅可以拆卸，而且环保坚固。鹿角部分可以用来悬挂小东西，实用功能强。在座椅的高度设计既适合小朋友又适合大人。它可以供使用者体会童真童趣。

2. 仿生

仿生设计是从生物学的现存形态中受到启发，在原理方面进行深入研究，然后在理解的基础上进行联想，并应用于产品设计的结构与形态。

例如壳体结构便是生物存在的一种典型的合理结构。虽然蛋壳、龟壳、蚌壳等这些壳体壁厚都很薄，但却有抵抗外力的非凡能力，设计师便利用这一原理和塑料成型工艺的新技术，制造了许多色彩丰富、形式新奇、工艺简单、成本低廉的薄壳结构的塑料椅。又如充气沙发、

充气床垫就是仿照了动物内脏充气结构具有抗压、缓冲作用的原理而设计的，如图 5-90、图 5-91 所示。此外，仿照人体结构，特别是人体脊椎骨结构，设计支承人体家具的靠背曲线，使其与人体背部完全吻合，无疑也是仿生原理。

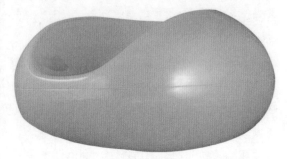

图 5-90 蛋椅

图 5-90 所示整体造型如同一个鸡蛋，由上下两部分组成。上部壳体可以翻下来叠入下部壳体中，以节省包装运输空间，下部还可以储存物品。上部靠背与座面的凹陷部分以人体工学为参照，按照人体坐姿结构进行设计，既增加了产品的实用性，又为形体带来了一定的变化。整件家具形式奇特、结构简单、成本低廉，利于批量化生产。

图 5-91 蚕式沙发

中国有句古话，叫作"作茧自缚"，是贬义词。但换一个角度来想，蛹在茧中没有其他的干扰，是不是也很享受呢？图 5-90 设计师利用金属丝编织了人工的"茧"——形似蚕茧的沙发。人置身其中，能够充分享受独处的安乐与休憩的愉悦。

模拟与仿生的共同之处在于模仿，前者主要是模仿某些事物的形象或暗示某种思想情感，而后者重点是模仿某种自然物的合理存在的原理，用以改进产品的结构性能，同时也以此丰富产品造型形象。在应用模拟与仿生的设计手法时，除了保证使用功能的实现外，还应同时注意结构、材料与工艺的科学性与合理性，实现形式与功能的统一、结构与材料的统一、设计与生产的统一，使所模仿的家具造型设计能转化为产品，保证设计的成功。

5.4　家具造型设计中的人体工程学

引导案例（椅子的模式）：

在使用椅子模式时，首先要注意所给的数据和曲线，不是成品椅子的实际数据和曲线，而是人体坐到座面，座面变形后的数据和曲线，特别对于软体椅子来说，这一点至关重要。而实际生活中的坐姿千姿百态，或盘腿、或跷腿、或伸腿、或侧坐、或倾斜歪坐、或挪动臀部等。所以在实际设计椅子时，以椅子模式为依据，按照"尽可能适应基本姿势，有利于姿势变化"这一原则来确定椅子的尺寸、形状和选择材料。

设计椅子，按其功能和用途，通过上述描述，可归纳为六种模式。

1. 作业用椅（A 型）

A 型座椅，主要用于工厂装配坐椅（如电子工厂的装配生产线）和学生课椅。其支持面曲线适于这类作业性强的椅坐姿势。

其设计数据是：座位基准点（座面高）为 400 ~ 440mm，座面倾斜角度为 0 度 ~ 3 度，上身撑角约为 95 度；有一个在工作时能支撑住腰部的弧形靠背，支撑角近似直角，如图 5-92 所示。

2. 一般作业用椅（B 型）

B 型作业用椅，主要用于办公室和会议室。其设计数据是：座面高为 400 ~ 440 mm，座面倾角 0 度 ~ 5 度，上身支撑角约 100 度；工作时以靠背为中心，具有与 A 型相同的功能。不同之处是靠背点以上的靠背弯曲圆弧在人体后倾稍作休息时，能起支撑的作用。

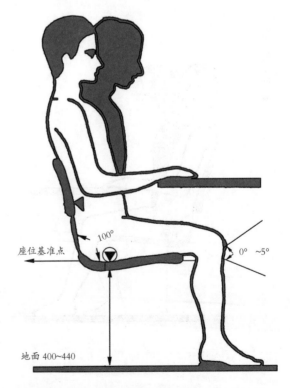

图 5-92　A 型和 B 型作业用椅的基本尺度（单位：mm）

3. 轻度作业用椅（C 型）

C 型椅子适用于餐厅和会议室。它的特点在于用手作业的时间短，利用靠背休息的时间长。故其靠背设计成既能在人体工作时支撑腰部，也能在休息时略向后仰并能适当地支撑人体。

其设计数据是：座面高为 400 ~ 420mm，左面倾斜角为 5 度左右，上身支撑角度约为 105 度。这类椅子的特征是坐面高度接近于 B 型用椅，靠背的弯曲接近于 D 型用椅，因此起、坐都很方便，并且在上身后仰时，也能使人体处于舒适的休息状态，如图 5-93 所示。

4. 一般休息用椅（D 型）

D 型椅子具有最适合于休息的坐姿支撑曲面，靠背的倾度也较大。

其设计数据是：座面高 330 ~ 360mm，座面倾斜角为 5 度 ~ 10 度，上身支撑角约为 110 度。这类椅子的靠背支撑点从腰部延伸到背部，适宜开长会和客厅接待用椅，如图 5-94 所示。

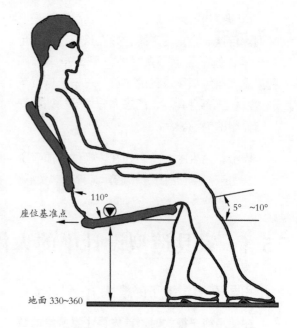

图 5-94　D 型一般作业用椅的基本尺度

（单位：mm）

5. 休息用椅（E 型）

E 型椅子是一种腰部位置放低，适于身体放松，具有半躺性支撑曲线靠背的休息用椅。这类椅子适于在家庭客厅或会议室内进行长时间会聚、闲聊之用，感觉舒适，不使人久坐而疲劳。

其设计数据是：座面高 280 ~ 340mm，座面倾角 10 度 ~ 15 度，上身支撑角为 110 度 ~ 115 度，靠背支撑整个腰部和背部，如图 5-95 所示。

6. 有靠头休息用椅（F 型）

F 型座椅多指躺椅。椅子靠背的倾角超过 120 度，增设了靠头，既可躺着休息，也可睡觉。

其设计数据是：座面高为 210 ~ 290mm，座面倾角为 15 度 ~ 23 度。上身支撑角为 115 度 ~ 123 度。F 型椅子增设了靠头，若在 F 型椅子前面附设与座面高度大致相等的足凳，能使人体伸展放松，是休息功能最好的椅子，如图 5-96 所示。

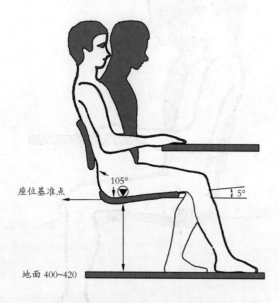

图 5-93　C 型轻度作业用椅的基本尺度

（单位：mm）

一定的灵活性，如图 5-97 所示。

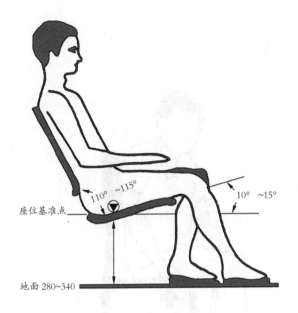

图 5-95　E 型休息用椅的基本尺度图

（单位：mm）

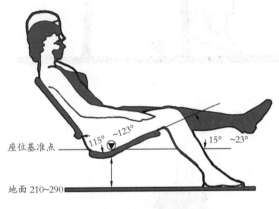

图 5-96　F 型休息用椅的基本尺度

（单位：mm）

图 5-97　座椅

图 5-97 所示的座椅，座面按人体工学进行设计并与靠背连接，由于整个座面和靠背都采用柔软尼龙织物，并且呈"丁"字形分布，使人体坐在其中不受坐姿制约，倍感舒适。支架由 7 根镀铬的钢管连接而成，对座面进行了有效的支撑。

5.4.1　人类的作息原理

家具设计最主要的依据是人体的尺度。例如，人体站立的基本高度和伸手最大的活动范围，坐姿时的下腿高度和上腿的长度以及上身的活动范围，睡姿时的人体宽度、长度及翻身的范围等都与家具尺寸有着密切的联系。但由于家具的服务对象是多层次的，例如一张桌子或一把椅子可能被不同身高的人使用，所以我们通常采用平均值作为设计时的相对尺寸依据。因此对尺度的理解也要有辩证的观点，它还有

5.4.2　人类工程学在不同类型家具功能设计中的应用原理

1. 支承类家具的尺度（坐卧类）

（1）坐具的尺寸设计

坐具包括工作椅、扶手椅、凳子、轻便沙发椅、大型沙发椅、躺椅等。坐具的人性化设计体现在对每一个具体细节的舒适性、安全性的考虑。从适合人体功能的角度入手主要考虑以下几个方面。

① 座高。座高指座面前沿至地面的高度。座高是影响坐姿舒适程度的主要原因之一，座面高度不合理会导致不正确的坐姿，并且坐得

时间长了，就会使人体腰部产生疲劳感。

　　座面过高，大腿前半部软组织受压力过大容易麻木，如图 5-98 所示。

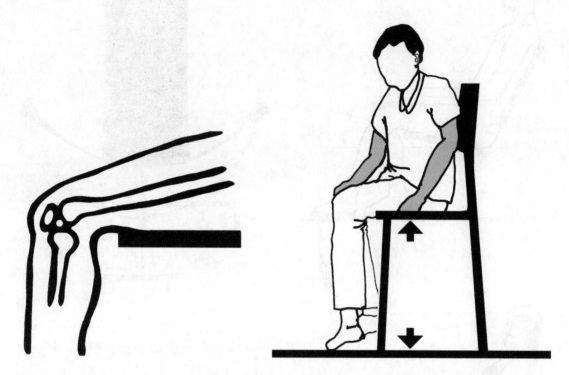

图 5-98　座面过高

　　座面过低，人体前屈，背部肌肉负荷增大，重力过于集中座首，易于疲劳，并且起立不变，如图 5-99 所示。

图 5-99　座面过低

合理的座面高度应该是臀部全部着座，但坐骨骨节处体压最高，向前逐渐减小，使身体的重力均匀地分布在大腿和臀部上，如图 5-100 所示。

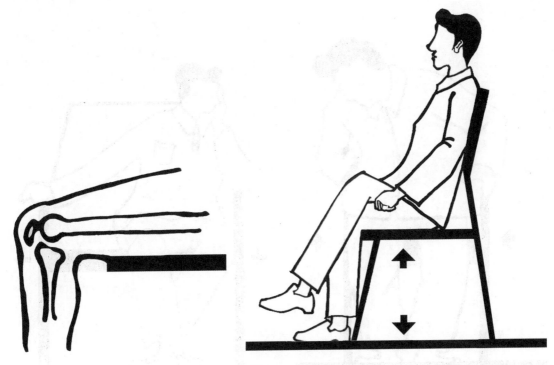

图 5-100　座面适中

椅子的高度是由人的小腿的长度决定的（通常也应该把鞋跟的高度考虑进去），一般工作椅座高为 400～440mm；轻便沙发座高为 330～380mm。凳子因为无靠背，所以腰椎的稳定只能靠凳高来调节。凳面高度为 400mm 时，腰椎的活动度最高，即最易疲劳。其他高度的凳子，其人体腰椎的活动度下降，随之舒适度增大，这就意味着（凳子在没有靠背的情况下）凳子看起来坐高适中的（400mm 高）反而腰部活动最强，也就是说，凳高应稍高或稍低于此值（见图 5-101）。在实际生活出现的人们喜欢坐矮板凳从事活动的道理就在于此，人们在酒吧间坐高凳活动的道理也相同。

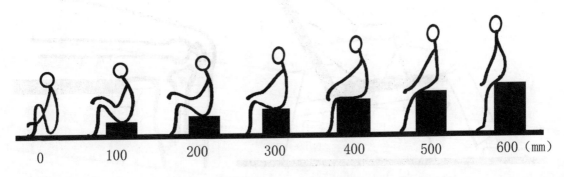

图 5-101　凳子坐高与腰椎活动强度

② 座宽。座宽指座面宽度。宽度应略大于臀宽，使臀部得到完全的支持，并有随时调整坐姿的余地。工作椅座宽不小于350mm，联排椅应宽些，使人能自由活动；报告厅、影剧院排椅应不小于540mm，餐桌、座谈桌的排椅应达到660～690mm，如图5-102所示。

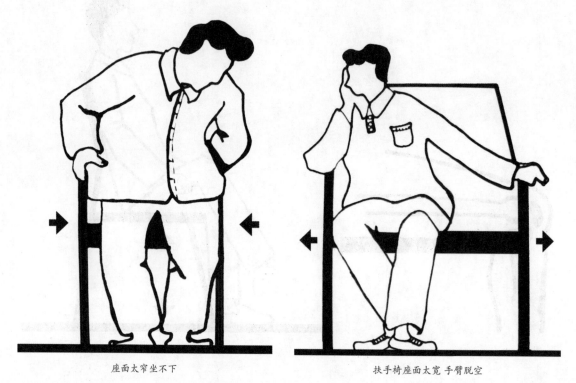

座面太窄坐不下　　　　　　扶手椅座面太宽 手臂脱空

图 5-102　座宽尺寸不当的后果

③ 座深。座深指椅面前沿至后沿的距离。座深应足够大，使大腿前部有所支持，但不能过深，以免腰部支撑点悬空，小腿腘窝受压不舒服（见图5-103）。应小于座深，使小腿与座前沿有60mm的间隙（见图5-104）。一般工作椅不大于430mm，休息椅座深可大些，沙发是软座面，坐上后会下沉，使得实际坐面后沿前移，座深应大些，但不要大于530mm。

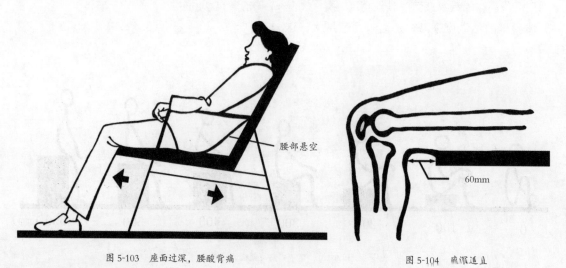

腰部悬空

60mm

图 5-103　座面过深，腰酸背痛　　　　图 5-104　脚深过直

④ 座面曲度。座面曲度指座面的凹凸度。它直接影响身体重力的分布。如果椅面过平，身体容易下滑，如图 5-105 所示。它一般采用左右方向近乎平直，前面比后面略高的形状，可以使身体重力分布合理，坐感良好。座面挖成臀部形状并不适宜，因为难以适应各种人的需要，也妨碍坐姿调整，而且是身体重力过于均布，大腿软组织就受压过大。

⑤ 座面斜角与靠背斜角。座面斜角与靠背斜角分别指座面、靠背与水平面的夹角，如图 5-106 所示。设置靠背是为了使人的上体有依靠，减轻对下体、臀部的压力，并使腰椎获得稳定，减少疲劳。靠背都有一定的倾斜，以便后靠，座面一般前部高，以防止靠背时身体向前滑动。休息、休闲用椅的座面、靠背斜角都应较大，让腰背部合理地分担较多的体重。工作用椅因身体前倾，座面斜角也不宜过大（见表 5-5）。

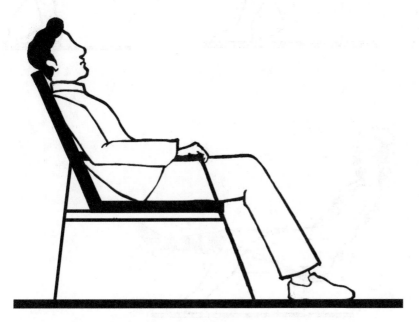

图 5-105　座面过平身体容易下滑

表 5-5　座面斜角与靠背斜角的角度

家具类型	坐面斜角 / (°)	靠背斜角 / (°)	必要支撑点
工作用椅	0~5	100	腰靠
轻度工作用椅	5	105	肩靠
休息用椅	5~10	110	肩靠
休闲用椅	10~15	110~115	肩靠
带靠头躺椅	15~23	115~123	肩靠加颈靠

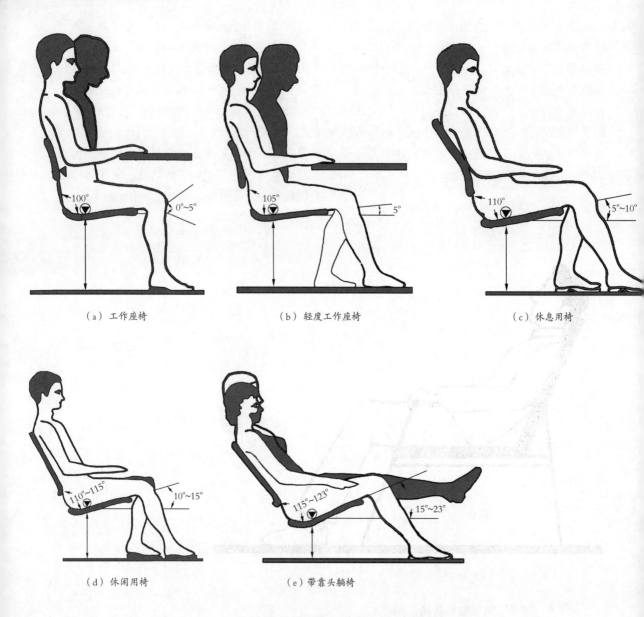

（a）工作座椅　　　　　　　　　（b）轻度工作座椅　　　　　　　　　（c）休息用椅

（d）休闲用椅　　　　　　　　　（e）带靠头躺椅

图 5-106　不同类型坐椅座面斜角与靠背斜角角度图例

⑥ 靠背高度。靠背有腰靠、肩靠和颈靠三个关键支撑点。设置腰靠不但可以分担部分人体体重，还能保持脊椎"S"形曲线，高度一般在 185 ～ 250mm。设置肩靠高度一般约为 460mm，这个高度便于在转体时能舒适地把靠背夹置腋下，如果过高则容易迫使脊椎前屈。设置颈靠应高于颈椎点，一般高度为 660mm。

无论哪种椅子，如果同时设置肩靠和腰靠，会更为舒适。工作椅只设置腰靠，不设置肩靠，以利于腰关节与上肢的自由活动，如图 5-107 所示。轻度工作椅靠背斜角比一般工作椅大，同时设置肩靠，如图 5-108 所示。

休息用椅因肩靠稳定，可以忽略腰靠，如图 5-109 所示。躺椅则需要增设颈靠来支撑斜仰的头部，如图 5-110 所示。

⑦ 靠背形状。靠背设计要按照有利于舒适坐姿的曲线来设计，一般肩靠处的水平方向设计成微曲线为宜，曲率半径为 400 ～ 500mm，曲率半径过小会挤压胸腔。腰靠处水平方向最好与腰部曲线吻合，曲率半径可取 300mm，如图 5-111 所示。

图 5-107　工作椅

图 5-108　轻度工作椅

图 5-109　休闲椅

图 5-110　躺椅

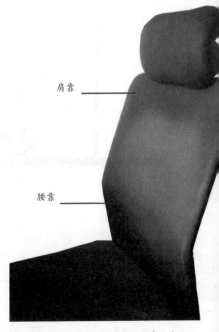

肩靠

腰靠

图 5-111　肩靠与腰靠曲率

⑧ 弹性。工作用椅的坐面和靠背不宜过软。休息用椅的坐面和靠背使用弹性材料可增加舒适感，但要软硬适度。弹性以人体坐下去的压缩量（下沉量）来衡量，见表 5-6。

表 5-6　沙发椅的适度弹性

部位	坐面		靠背	
	小沙发	大沙发	上部	托腰
压缩量 /mm	70	80~120	30~45	< 35

⑨ 扶手。设置扶手是为了支撑手、臂，减轻双肩、背部与上肢的疲劳。扶手高度应等于坐姿时的肘高。扶手如果过高，两肩容易高耸，如图 5-112 所示；过低的话，手臂则失去了支持作用，如图 5-113 所示。扶手正常高度约为 250mm，要使整个前臂能自然平放其上。扶手倾角可取 ±10 度～ ±20 度。扶手之间的内部宽度应大于肩宽，一般不小于 460mm，沙发等休息用椅可加大到 520 ～ 560mm。

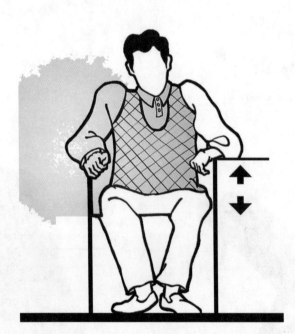

图 5-112　扶手过高两肩高耸

图 5-113　扶手过低手臂失去支持

（2）卧具的尺寸设计

床是供人睡眠休息的主要卧具，也是与人体接触时间最长的家具。床的基本尺寸是要求是人躺在床上能舒适地尽快入睡，并且要睡好，以达到消除一天的疲劳、恢复体力和补充工作精力的目的。

人在睡眠时，并不是一直处于静止状态，而是经常辗转反侧，人的睡眠质量除了与床垫的软硬有关外，还与床的尺寸有关。

① 床宽。床的宽度直接影响人睡眠的翻身活动。日本学者做的实验表明，睡窄床比睡宽床的翻身次数少。当宽为 500mm 的床时，人的睡

眠翻身次数要减少 30%，只是由于担心翻身时掉下来的心理影响，自然也不能熟睡。实践表明，床宽自 700 ~ 1300mm 变化时，作为单人床使用，睡眠情况都很好。因此我们可以根据居室的实际情况，单人床的最小宽为 700mm。

② 床长。床的长度是指两床头板内侧或床架内的距离。为了能适应大部分人的身长需求，床的长度应以较高的人体作为标准计算。国家标准 GB/T 3328—1997《家具 床类主要尺寸》规定，双屏床床面长为 1920mm、1970mm、2020mm 和 2120mm 四档。对于宾馆的公用床，一般脚部不设计架，为满足特高人体的客人的需要，可以加接脚凳。

③ 床高。床高即床面距地高度。床同时具有坐卧功能。另外还要考虑到人的穿衣、穿鞋等动作。一般床高在 400 ~ 500mm 之间。

双层床的层间净高必须保证下铺使用者在就寝和起床时有足够的动作空间，过高会造成上下的不便及上层空间的不足。国家标准 GB/T 3328—1997 规定，双层床的床底铺面离地高度（不放置床垫）为 400 ~ 440mm，层面净高（不放置床垫）不小于 980mm。这一尺寸对穿衣、脱鞋等一系列与床发生关系的动作而言也是合适的。

2. 凭倚类家具的尺度

凭倚类家具是人们工作和生活所必需的辅助性家具。如就餐用的餐桌、写字台、课桌等；另有为站立活动而设置的售货柜台、收银台、讲台和各种操作台等，并兼做放置或储藏物品之用，由于这类家具不直接支撑人体，因此在人性化考虑上没有坐具类家具复杂。这类家具与人体动作只是产生直接的尺度关系，从适合人体功能入手主要考虑以下几个方面。

（1）桌面高度

桌面高度一是要保证视距；二是要保证置

肘舒适，以桌椅高差（桌面与椅子座面高差）来保证，300mm 为宜，如图 5-114 所示。桌面过低，而且容易使脊椎弯曲，腹部受压，易驼背。桌面过高，容易引起脊椎侧弯、耸肩、近视，肘也常被迫放于桌面之下，如图 5-115 所示。

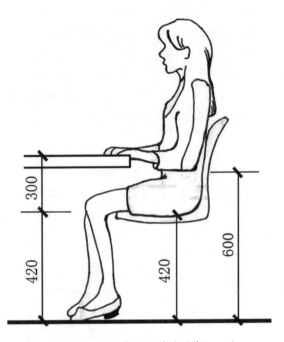

图 5-114 桌面与椅子坐面高差（单位:mm）

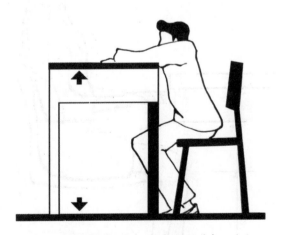

图 5-115 桌面太高，写字近视且耸肩

（2）桌面尺寸设计

我国国家标准 GB/T3326—1997《家具 桌、椅、凳类主要尺寸》规定，桌面高 H=680 ~ 760mm。极差 △ S=10mm。我们在实际使用时，

可根据不同的特点酌情增减。中餐桌的桌面高度可与书写用桌相当。西餐桌、电脑桌、梳妆台的桌面高度可降低些，以便于操作。

双柜写字台宽为 1200 ~ 2400mm，深为 600 ~ 1200mm；单柜写字宽为 900 ~ 1500mm，深为 500 ~ 750mm；宽度级差为 100mm；深度级差为 50mm。如有抽屉的桌子，抽屉不能做得太厚，厚度在 120 ~ 150mm，抽屉下沿距椅子坐面至少应有 150 ~ 172mm 的净空，如图 5-116 所示。左右空间的宽度为臀部加上活动余量应不小于 520mm。

立式用桌（台）的基本要求与尺寸。立式用桌主要指售货柜台、营业柜台、讲台、服务台及各种工作台等。站立时使用的台桌高度是根据人体站立姿势和躯臀自然垂下的肘高来确定的。按我国人体的平均身高，站立用台桌高

度以 910 ~ 965mm 为宜。若需用力工作的操作台，其桌面可以少降低 20 ~ 50mm，甚至更低。

立式用桌桌面下部无须留出容膝空间，因此桌台下部经常可做储藏柜用，但立式用桌的底部需要设置容足空间，以利于人体紧靠桌台，这个容足空间是内凹的，高度为 80mm，深度在 50 ~ 100mm，如图 5-117 所示。

3. 储存类家具的尺度

储存类家具是收藏、整理日常生活中的器皿、衣服、消费品、书籍等的家具。可分为柜类和架类。柜类主要有大衣柜、小衣柜、壁柜、书柜、床头柜、陈列柜、酒柜等；而架类主要有陈列架、书架、衣帽架、食品架等。储存类家具的功能设计必须考虑人与物两方面的关系；一方面要求家具储存空间划分合理，方便存取，

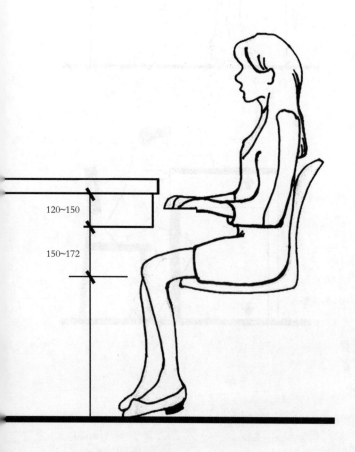

图 5-116 抽屉与抽屉下沿距椅坐面的尺寸
（单位：mm）

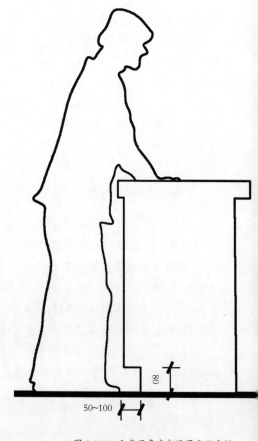

图 5-117 立式用桌底部设置容足空间
（单位：mm）

有利于减少人体疲劳；另一方面又要求家具储存方式合理，储存数量充分，满足存放条件。反之，则会给人们的日常生活带来不便，如图 5-118 所示。

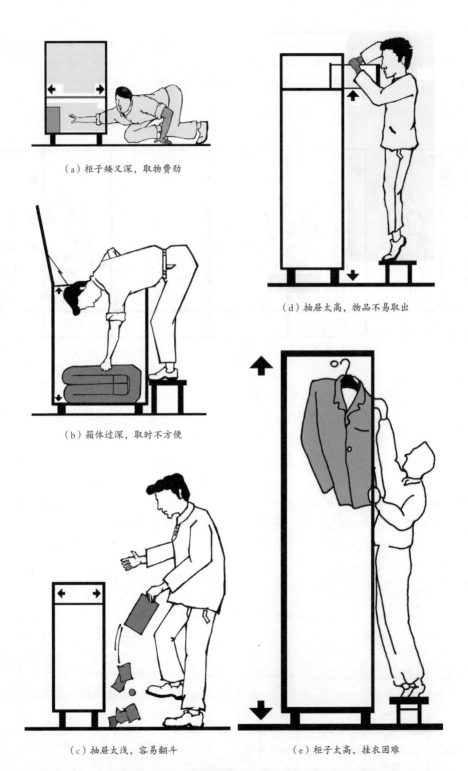

（a）柜子矮又深，取物费劲

（b）箱体过深，取时不方便

（c）抽屉太浅，容易翻斗

（d）抽屉太高，物品不易取出

（e）柜子太高，挂衣困难

图 5-118　不适当尺寸的后果

存取物品动作尺度，如图 5-119 所示。

如图 5-119 所示：（a）是站立时上臂伸出的取物高度，以 1900mm 为界限，再高就要站在凳子上存取物品，是经常存取和偶然存取的分界线；（b）是站立时伸臂存取物品较舒适的高度，1750 ～ 1800mm 可以作为经常伸臂使用的挂杆的高度；（c）是视平线高度，1500mm是取放物品最舒适的区域；（d）是站立取物比较舒适的范围，600 ～ 1200mm 的高度，但因受视线影响即需局部弯腰存取物品；（e）是下蹲伸手存取物品的高度，650mm 可作经常存取物品的下限高度。

图 5-118（a）和（b）是有炊事案桌的情况下存取物品的使用尺度，存储柜高度尺寸要相应降低 200mm。

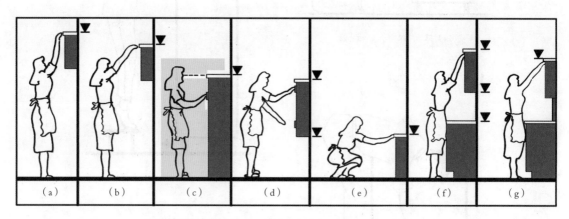

图 5-119　存取物品动作尺度

根据图 5-119 分析，按存取物品的方便程度，我国的柜高限度在 1850mm 以下的范围。根据人体的动作行为和使用的舒适性及方便性，再可划分为两个区域。第一区域以人肩为轴，上肢半径活动的范围，高度在 650 ～ 1850mm，是存取物品最方便、使用频率最多的区域，也是人视线最容易看到的视觉领域。第二区域为从地面至人站立时手臂垂下指尖的垂直距离，即 650mm 以下的区域，该区域存储物品不便，人必须蹲下操作，而且视域不好，一般存放较重而不常用的物品。若需要扩大储藏空间，节约占地面积，可以设置第三区域，即橱柜的上空 1850mm 以上的区域。一般可叠放橱架，存放较轻的过季物品，如图 5-120 所示，表 5-7 对上述内容做了归纳。

表 5-7　存取空间

序号	高度	区间	存放物品	应用举例
第一区域	650~1850mm	方便存取空间	常用物品	应季衣服 日常生活用品
第二区域	0~650mm	弯蹲存取空间	不常用、较重物品	箱、鞋、盒
第三区域	1850~2500mm	超高存取空间	不常用轻物	过季衣服

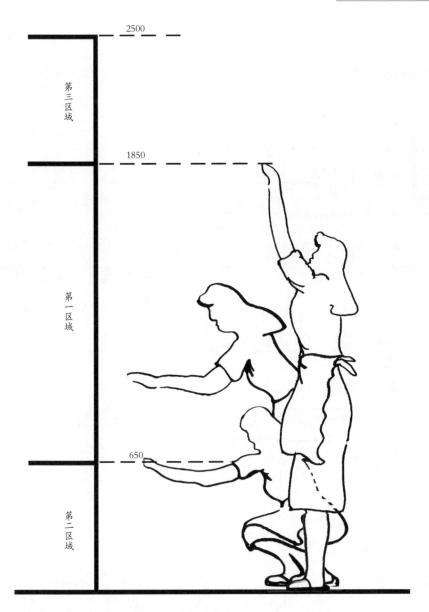

图 5-120　方便存取的高度（单位：mm）

■ 5.4.3　家具造型与确定功能尺寸的原则

1．满足功能需求的原则

满足使用功能是家具设计的基础，符合人们的行为尺度和习惯，使人们的生活更加便捷、更加方便。

2．比例协调的原则

家具的高度、宽度、深度三维尺度比例相互协调，符合人们的审美观念。同时与周围物品、环境的尺度比例相协调。

3．稳定性和安全性原则

家具作为日常生活用品，必须考虑它的稳定性和安全性。家具的尺度设计和形体的比例与其稳定有直接关系，不能给用户易倾倒、危险的感觉。

5.4.4 常用家具的功能尺寸

1. 坐具类家具的尺寸

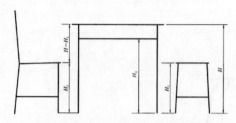

图 5-121 桌面高、坐高、配合高差示意图

表 5-8 桌面高、坐高、配合高差

mm

桌面高	座高	桌面与椅凳座面高差	尺寸级差	中间净空高
H	H_1	$H—H_2$	ΔS	H_3
680~760	400~440 软面的最大座高 460（包括下沉量）	250~320	10	≥ 580

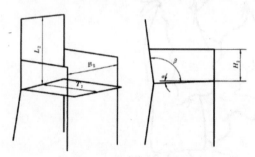

图 5-122 扶手椅尺寸示意图

表 5-9 扶手椅尺寸

mm

扶手内宽	座深	扶手高	背长	尺寸级差	背斜角	座斜角
B_2	T_1	H_2	L_2	ΔS	β	α
≥ 460	400~440	200~250	≥ 275	10	95 度 ~100 度	1 度 ~4 度

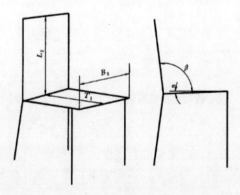

图 5-123 背靠椅尺寸示意图

表5-10　背靠椅尺寸

mm

座前宽	座深	背长	尺寸级差	背斜角	座斜角
B_3	T_1	L_2	ΔS	β	α
≥ 380	340~420	≥ 275	10	95度~100度	1度~4度

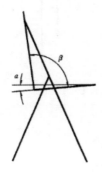

图 5-124　折叠椅尺寸示意图

表5-11　折叠椅尺寸

mm

座前宽	座深	背长	尺寸级差	背斜角	座斜角
B_3	T_1	L_2	ΔS	β	α
340~400	340~400	≥ 275	10	100度~110度	3度~5度

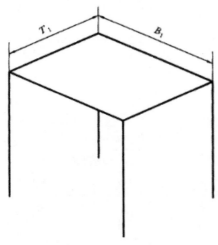

图 5-125　长方凳尺寸示意图

表5-12　长方凳尺寸

mm

凳面宽	凳面深	尺寸级差
B_1	T_1	ΔS
≥ 320	≥ 240	10

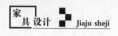
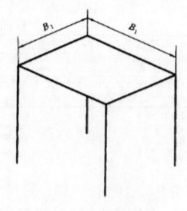

图 5-126 方凳尺寸示意图

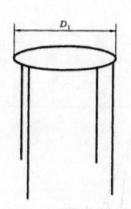

图 5-127 圆凳尺寸示意图

表 5-13 方凳、圆凳尺寸

mm

边长（或直径） B_1（或 D_1）	尺寸级差 ΔS
≥ 260	10

2. 卧具类家具的尺寸

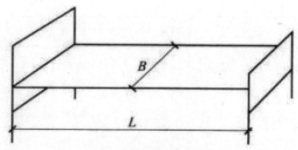

图 5-128 单层床尺寸示意图

表 5-14 单层床主要尺寸

mm

床面长 L		床面宽		床面高 H	
双床屏	单床屏	B		放置床垫	不放置床垫
		单人床	800		
			900		
1920	1900		1000		
1970	1950		1100		
2020	2000		1200	240 ~ 280	400 ~ 440
2120	2100	双人床	1350		
			1500		
			1800		

注：嵌垫式床的床面宽应在各档尺寸基础上增加 20mm

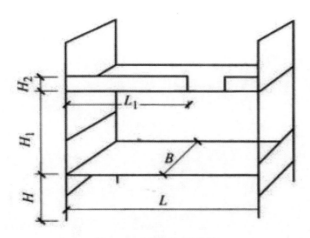

图 5-129　双层床尺寸示意图

表 5-15　双层床尺寸

床面长 L	床面宽 B	底床面高 H		层间净高 H_1		安全栏板缺口长度 L_1	安全栏板高度 H_2	
		放置床垫	不放置床垫	放置床垫	不放置床垫		放置床垫	不放置床垫
1920 1970 2020	720 800 900 1000	240 ~ 280	400 ~ 440	≥ 1150	≥ 980	500 ~ 600	≥ 380	≥ 200

3. 凭倚类家具的尺寸

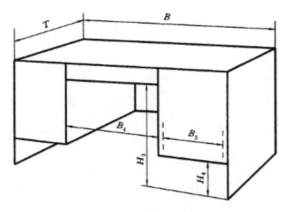

图 5-130　双柜桌尺寸示意图

表 5-16　双柜桌尺寸

mm

宽 B	深 T	宽度级差 ΔB	深度级差 ΔT	中间净空高 H_3	柜脚净空高 H_4	中间净空宽 B_4	侧柜抽屉内宽 B_5
1 200~2 400	600~1 200	100	50	≥ 580	≥ 100	≥ 520	≥ 230

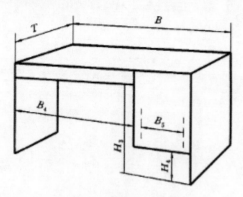

图 5-131　单柜桌尺寸示意图

表 5-17　单柜桌尺寸

							mm
宽	深	宽度级差	深度级差	中间净空高	柜脚净空高	中间净空宽	侧柜抽屉内宽
B	T	ΔB	ΔT	H_3	H_4	B_4	B_5
900~1 500	500~750	100	50	≥ 580	≥ 100	≥ 520	≥ 230

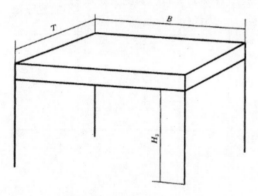

图 5-132　单层桌尺寸示意图

表 5-18　单层桌尺寸

				mm
宽	深	宽度级差	深度级差	中间净空高
B	T	ΔB	ΔT	H_3
900~1 200	450~600	100	50	≥ 580

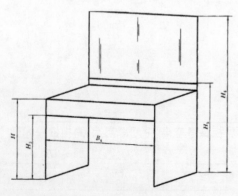

图 5-133　梳妆台尺寸示意图

表 5-19　梳妆台尺寸

mm

桌面高 H	中间净空高 H_3	中间净空高 B_4	镜子上沿离地面高 H_6	镜子下沿离地面高 H_5
≤ 740	≥ 580	≥ 500	≥ 1 600	≤ 1 000

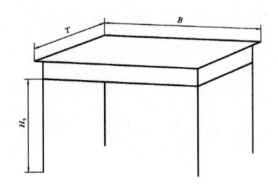

图 5-134　长方桌尺寸示意图

表 5-20　长方桌尺寸

mm

宽 B	深 T	宽度级差 ΔB	深度级差 ΔT	中间净空高 H_3
900~1 800	450~1 200	50	50	≥ 580

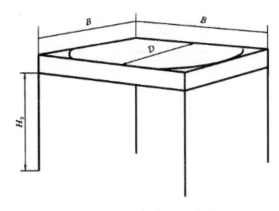

图 5-135　方桌、圆桌尺寸示意图

表 5-21　方桌、圆桌尺寸

mm

桌面宽（或直径） B（或 D）	中间净空高 H_3
600、700、750、800、850、900、1 000、1 200、1 350、1 500、1 800 （其中方桌边长 ≤ 1000）	≥ 580

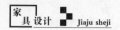
4. 各种储存类家具的尺度

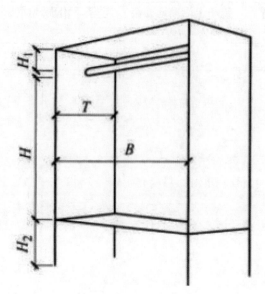

图 5-136　衣柜尺寸示意图

表 5-22　柜内空间尺寸

mm

柜体空间深		挂衣棍上沿至顶板内表面间距离 H_1	挂衣棍上沿至底板内表面间距离 H	
挂衣空间深 T 或宽 B	折叠衣物放置空间深 T		适于挂长衣	适于挂短外衣
≥530	≥450	≥40	≥1400	≥900

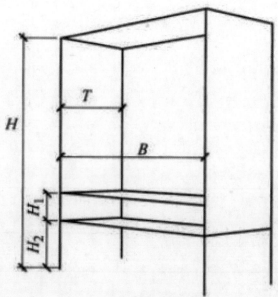

图 5-137　书柜尺寸示意图

表 5-23　书柜尺寸

mm

	高 H	宽 B	深 T	层内高 H_1	脚净空高 H_2
尺寸	1 200~2 200	600~900	300~400	≥ 220	≥ 60
尺寸级差 ΔS	50 200 优先	50	10		

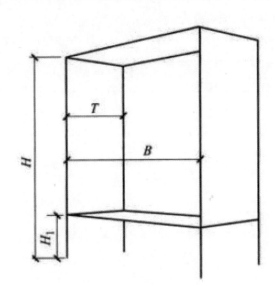

图 5-138　文件柜尺寸示意图

表 5-24　文件柜尺寸

mm

	高 H	宽 B	深 T	脚净空高 H_1
尺寸	(1)370~400 (2)700~1200 (3)1800~2200	450~1050	400~450	≥ 100
尺寸级差 ΔS		50	10	

本章小结

　　本章主要从家具的形态、质感、色彩、美学形式等几个方面入手并结合图例分析，对家具造型设计进行了详细的阐述。家具造型是家具实体存在的一种基本形式，不同的家具造型都有其自身独特的艺术特点，但就其形式处理来看都有共同的艺术规律，即必须与功能、材料、生产技术、人体工学等相结合。总体来说，无论采用什么的造型手法，任何家具都必须满足实用功能的要求，家具造型要做到形体完整、比例适当、应是审美法则的综合体现，并与所处环境协调统一。

思考题

　　1. 家具造型的形态要素包括哪几方面？

　　2. 家具造型设计的美学形式法则包括哪几方面？

课堂实训

　　1. 运用模拟与仿生的造型手法设计一套家具。

　　要求：设计手法不限，即可采用整体，也可局部；具象、抽象均可。

　　2. 运用统一、对比的造型手法设计一套家具

　　要求：既要体现出局部形式的特殊性，使其在整体中表现出明显的差别，还要体现出整体造型的统一性。

第 **6** 章

家具开发实务

　　家具的设计开发实务是以市场为导向，依据设计原则和设计要素，结合科学技术，运用美学原理来进行的。家具产品设计的目的是为人类提供更好的生活质量，家具也与物、人、环境是相互作用与影响的。同时，家具作为商品，必须遵循市场规律。因此，学习家具新产品开发的基本理论和基本进行系统是有必要的。

■■引导案例：

家具设计必须适应市场需求、遵循市场规律，即有目的地实施设计计划的次序和科学的设计方法，严格的按照严密的次序逐步的进行，经过不断的检验和改进设计，最终实现设计的目的和要求。

"便携式组合家具"实例分析

1. 创意分析

此款设计创意的灵感来自于拼接组合家具，床和沙发可以很好地组合并兼具多功能，同时也从儿童玩的积木中得到一定的启发，任意一种的摆放、拼装都有不同的效果。

此设计的定位目标人群是漂泊在"北上广"年轻的一代，以及追求另类简约生活的年轻人。刚毕业的大学生面对生活的压力，大部分都过着蜗居的生活，如何在狭小的空间里，打造自己喜爱的生活空间，创造自己喜爱的生活方式，是我们应该思考的问题。所以组合式、折叠式家具也成为现在设计的重点。

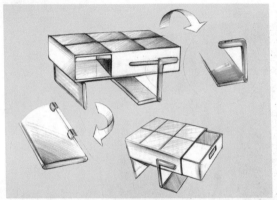

灵感来源

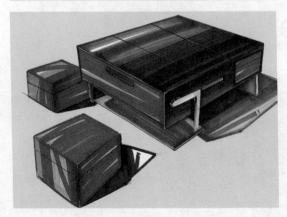

草图绘制

2. 造型分析

此款便携式组合沙发的设计具有多功能，支架可以作为书架，三个小储物盒兼具小坐凳的功能。便携式家具设计从使用者的角度出发，充分考虑特殊的使用环境，便携的同时具有多功能。占地面积较大的家具完全不适合小户型家庭，越来越多的蚁族们需要的正是小巧轻便的人性化新式家具，可呈现不同的使用状态。

折叠状态一

折叠状态二

折叠状态三

形体状态设计分析

整个设计运用几何方块的方式拼合而成，便于杂物收纳、整理；并且易于搬运，解决搬家时的苦恼，这种解决人性化需求的理念是现代社会的趋势。

3. 设计展板

组合家具设计展板如图 6-1 所示。

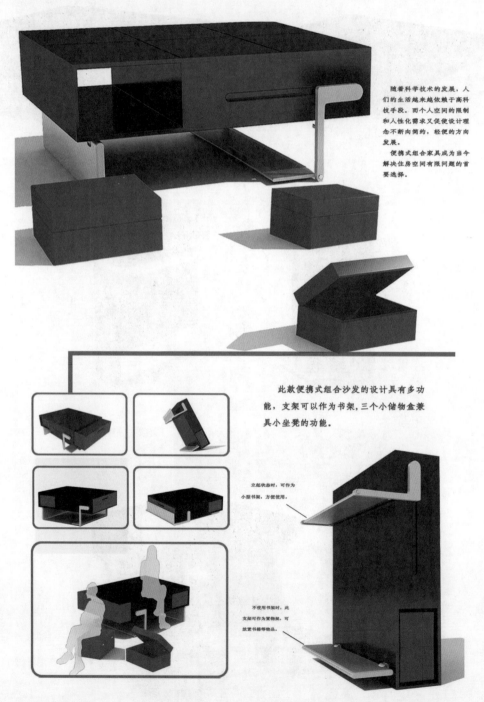

图 6-1　设计展板：中国美术学院工业设计系 冯蔚蔚

6.1　家具设计的原则

作为产品设计的一个设计方向，家具设计也是一门综合类的学科，要用到各个方面的知识。优秀的家具设计往往是功能、材料、结构、造型、工艺、文化内涵、鲜明个性与经济的完美结合。

6.1.1　实用性原则

实用性是家具设计的首要条件，家具设计首先必须满足它的直接用途。家具设计的实用性是指产品具有合理的功能尺寸、足够的机械强度、较好的稳定性。这要求设计师在设计时要以人的生理尺寸、动作尺度和行为与心理特征为依据进行设计，使人们生活更便捷更舒适，以获得精神满足，提高生活质量。

6.1.2　经济性原则

经济性将直接影响到家具产品在市场上的竞争力。经济性包含的因素很多，总的来说其目的是降低成本、提高经济效益。在家具设计中，用料和工艺是比较重要的因素。选用原材料应遵循以下原则：大材不小用、长材不短用、优质材不劣用、低质材合理用，做到材尽其用，最大限度地提高使用率。在工艺上，尽量使用大批量机械化的生产，减少高难度的手工操作，以提高生产率、降低成本。同时，还有考虑更为方便的装配与运输，节约空间与资源。

从市场角度看，经济在很大程度上反映的是消费层次，所以家具不仅满足人们对功能的需要，同时也反映他们的社会经济地位。

6.1.3　美观性原则

艺术性是人的精神需求，美观的家具将通过人的感官产生一系列的生理反应，从而对人的心理带来强烈的影响。美观对于实用来说虽然次序在后，但绝非可以厚此薄彼。家具的美是由结构、比例、功能、材料、文化所综合构成的。我国的高级家具在各个方面都十分讲究，并且蕴含着独有的中国美学思想，因而闻名世界。美还与潮流有关，家具设计既要有深厚的文化内涵，又要把握设计思潮和流行趋势，反映鲜明的时代特征。

6.1.4　辩证构思的原则

家具设计既要满足功能性，又要具有艺术性，所以说家具是物质功能和精神功能得复合体。在家具造型设计过程中，家具不仅要符合艺术造型规律，而且还要符合科学技术的规律；不仅要考虑家具造型的风格与特点，还要考虑用材、结构和加工工艺以及生产效率和经济效益等。但艺术造型与工业化生产又有许多矛盾的地方，造型与生产直接相关，过于简陋的设计，往往缺乏美感；过于复杂的造型，又会造成加工困难，降低效率。协调造型与加工之间的关系是家具设计所面临的重要问题之一。因此根据辩证法的原理，可以利用辩证构思的方法综合各种设计要素，辩证地处理家具造型、结构和工艺设计这些矛盾，使家具设计达到功能性、艺术性、工艺性和经济性的完美结合。

6.2　家具开发工作要考虑的几个重要问题

6.2.1　人的问题

家具是为人服务的。在人、物、环境这个系统中，人处于核心位置，所以人的因素在设计中是首先考虑的，而人的因素包括生理和心理两大因素。生理因素需要考虑人体的测量值和人体生理要素。人体测量值为设计师提供关于家具设计尺度的依据，使产品更好地与人的生活相配合；人体生理要素要求设计师考虑到不同环境条件下人的生理状态与特点，如在不同的材料、柔软度的家具上，人会产生不同的体表温度和发汗情况，使产品更加合理。同时，人有复杂的社会性，因此心理因素也是人的因素中不可忽略的，这需要设计师研究哲学、心理学、社会学等学科。设计师通过家具设计的造型、质感、色彩、韵律、空间等因素把设计中所蕴含的美学、内涵、情绪等信息传达给人们，从更深层次与人进行交流。

■■ 6.2.2　技术问题

家具设计包含了复杂的技术因素，主要体现在材料、工艺、设备和结构上。材料是家具产品的外部表现，是产品的"皮肤"。家具设计可以从材料入手，不同的材料有其不同的表现特征和加工工艺。并且材料的选择在很大程度上决定了产品的档次和市场定位。工艺是家具设计成型的技术手段，是设计的"工具"。在选择材料后，运用适当的工艺手段，是至关重要的，这需要设计师熟悉各种工艺制作，以保证产品拥有好的工艺水准和高的生产效率。设备是家具设计的"硬件"，是设计投产是否成功的重要因素。设计不能超越现有的设备水平，否则设计无法实现，同时需要及时了解最新的技术手段和科学设备，来开发新的产品。

结构是设计的内在支撑，是产品的"骨骼"，所有的表现形式都是在结构的基础上进行的。不同的材料往往具有不同的结构特征和组合形式，形成不同的视觉表现。家具设计中的材料、工艺、设备和结构是相互制约、相互影响的，它们是设计成功投产的关键。

■■ 6.2.3　环境问题

环境因素是人类一切活动的背景，因此家具设计离不开环境问题。从大的方面来说，家具设计不仅要考虑人与自然环境的关系，还要考虑人与社会、经济、文化、种族等关系；从小的方面来说，家具设计是在"家"这个环境下形成的，因此室内小环境也必须考虑。环境的保护、合理利用和开发自然资源已是产品设计发展的必然趋势，因此绿色设计和可持续发展设计也是今后产品设计发展的重要方向。绿色设计和可持续发展设计提倡利用自然材料、可循环使用材料、自然降解材料等，通过无污染或少量污染的加工方式，设计出成本低廉、用材轻便、牢固耐用的产品。这不仅需要了解相关材料的特质和加工方式，也要求设计师放眼未来，肩负起应有的社会责任。社会因素体现在产品上是它的复杂性，不同的社会背景、文化背景、民族风俗、经济水平、政治环境都会对家具设计产生不同的影响。因此设计师设计时要充分考虑当地的社会因素，才能符合当时的市场需求。"家"的室内环境是家具所放置的场所，在这个环境中，完成了人—物—环境—系列的行为互动，反映出彼此之间的关系。在这个环境下，人的行为习惯、心理意识、文化涵养起到了主导作用，决定了彼此之间的关系，也决定了设计师采用什么样的家具设计方案。

■■ 6.2.4　经济问题

新产品开发的目的就是要获得经济利润，因此，在设计过程中，对经济因素的考虑是必需的。经济因素主要包括成本、价格和利润这三个方面的内容。一般可以通过选择合理的材料搭配、较为简单的工艺处理、大批量的工业生产，充分利用已有设备，降低废品损耗率，降低宣传运输费用等方式来节约成本。价格在一定程度上体现其价值，家具本身具有使用价值，而设计的目的就在于提高它的价值，从而提高它的价格获得更高的利润，这就是产品的附加值。产品的附加值可以体现在技术上的突破、功能上的延展、艺术性的表现和企业的文化内涵等方面。成本、价格、利润是衡量企业经济效益的三大要素，也是企业开发产品的主要目的，不能盈利的企业是不可能长久的，因此在设计过程中要充分考虑经济因素。

6.3　家具商业化研发工作程序

■■ 6.3.1　市场资讯调查

发现问题是家具立案阶段以至整个设计流程中最关键的一步，往往也是第一步。市场调查就是要我们去发现现有产品存在的问题，知道现有产品的情况、未来 4 ~ 5 年内的设计趋势及竞争对手的设计策略和方向等。只有做到这些，才能在激烈的竞争环境处于主动状态。

调查是最基本、最直接、最可靠的信息依据，因此产品决策应以设计前的调查为依据。为了使设计顺利进行，最有效的方法就是做大量的分析与研究，只有对市场信息进行准确的判断，才能获得设计的成功。判断设计成功与否的因素主要是指市场的销售情况和消费者的接受程度，从根本上说就是它的商业价值是否能更好地实现。要对所调查的资料进行整理与分析，以便于指导设计。对于调查结果，可以以表格的形式进行统计，也可以写出专题调研报告，并做出科学的结论。对于产品的样式、标准、规范、政策法规方面的资料要分类归档。

以下是一份经过调查后关于国内外儿童家具发展的简单专题调研报告，在这里仅作参考：

1．国内儿童家具发展现状

目前整个儿童家具市场销售情况并不十分乐观，消费观念是制约儿童家具市场的主要原因之一。很多家长认为儿童家具就是小型的成人家具，他们并不愿意多花钱去为孩子购买儿童家具。价格也是儿童家具市场不温不火的原因之一。一般质量良好与设计优秀的儿童家具的价格也是较高的。同时国内专业设计儿童家具的设计师很少，对于儿童家具的设计和儿童的需求缺乏了深刻的了解。有些企业急功近利，很少花精力去研究儿童需求、儿童情感，很少关注他们的生活方式、学习空间、对家具的要求以及他们的追求和接受信息的方式与渠道等，这些无不影响家具的设计、生产、营销和服务质量。

2．国外儿童家具发展现状

经过长期的探索和发展，国外的儿童家具设计与儿童家具市场也已经相当成熟，发展规模和细分程度与成人家具几乎一模一样。儿童家具设计师和家具企业的相关性研究都为儿童家具的设计提供了一些相关的资料信息与数据。国外儿童家具的品牌越来越多，设计也越来越专注于儿童本身的需求。国外的设计师们运用人体工学，应用先进的设计模式，并准确定位儿童的生活需要，从而指导儿童家具设计。他们更加注重家具的实用性、新颖的式样、丰富的造型以及绿色环保。他们先进的理念和方法值得国内企业认真学习和借鉴。

3．结论

儿童家具不是成年人家具的微缩版本，而是"儿童成长发育中玩耍游戏的道具、学习的教具、在日常生活中必备的用具。在原则上必须完全依照年龄、性别和性格等个别因素给与完全的规划和设计"。儿童家具是供儿童使用的，其尺度、功能、造型及色彩装饰，乃至于儿童房的各种陈设等都应以相应年龄阶段儿童的心理与生理需求为依据。

（1）安全性

儿童家具和居室环境设计，安全是一切的前提。成长中的儿童有一个共同的特点，那就是好动，所以，安全是涉及儿童家具时不可忽视的重要因素，具体包括以下几个方面。

① 结构：家具有足够的强度和稳定性。这就要求家具不破裂，不倾倒；固定的家具零部件不要外露。

② 造型：设计上注重每个细节，家具所有的棱角均要经磨边处理以免碰伤孩子；不应有容易脱落造成儿童误吞的小配件。

③ 材料：家具的装饰材料必须通过国家绿色认证，做到环保、无毒、无污染。家具造型设计的实现，很大程度上取决于材质的性质。在设计的同时要注意其用材是否环保。应该说，木材是制造家具的最佳材料。鉴于儿童会用嘴来尝试探索未知的世界，儿童家具涂料及胶黏剂的选用应加以注意，因为无论是含苯、铅的涂料还是含甲醛的胶黏剂，都有可能对儿童造成伤害。应尽量避免使用玻璃等易碎材料作为儿童家具的制造材料。

④ 颜色：儿童家具应跟儿童个性相配，做到色彩协调、柔和、明快、淡雅、不过度刺激视觉，不让人产生视觉疲劳。

（2）舒适性

儿童家具的舒适性应"满足人体尺寸、人的生理、心理等要求。不仅能减轻生理上和心理上的疲劳，而且有利于安全，甚至还能使产品的使用从悦耳、悦目升华为悦心、悦意、舒适、愉快，乃至享受。在使用儿童家具时，有快乐、称心如意的感觉"。

（3）引导性

引导是引用外在的实物，或者方法，使得被引导者通过自身的实践或者推理得到预定的结果的过程。儿童家具应当具有启发性，通过对产品的使用让儿童知道怎么做，借此培养他们的独自思考的能力，激发创造性，在实践中掌握知识，有利于开发儿童的智力和发挥儿童的空间想象力。

■■ 6.3.2 设计策划

设计策划是在市场调查的基础上明确设计定位与目标，有针对性地进行设计安排。一般来说，设计可以分为三种类型：原创产品设计、

改良产品设计和项目配套家具设计。原创性家具设计可以通过研究人的行为与心理，发现人们潜在的需求，提出新的生活方式和生活理念；原创性产品也往往跟随新材料、新工艺和新技术的运用而来；原创性设计也可以不受现实情况的限制，设计出探索未来的生活的概念设计。改良性产品的开发是基于现有的产品进行改进，使产品更加完善。改良性产品可以对现有产品存在的问题进行改进，也可以增加功能和附加值，提高产品的价值和竞争力。项目配套家具设计是在特定的建筑、环境、室内空间设计项目中所配套的家具设计，配套家具设计要符合项目的要求和整体风格。

■■ 6.3.3 设计创新与定位

设计离不开创意，好的设计都是设计师运用创造思维联想和想象，在生活中得到创意的灵感，这就需要注意观察和注重知识的积累。设计定位就是设计的目的，就是对服务对象的需求进行明确的分析，充分理解和领悟设计任务所要达到的目标与要求；同时通过对家具的品牌定位与家具市场的定位，制订出相应的设计计划，明确设计的目的和内容。这里所说的设计定位是指理论上的总的要求，更多地是原则性的、方向性的，甚至是抽象的。不要把它误认为是家具造型具体形象的确定。它只是起到在整个家具设计中把握设计方向的作用。

■■ 6.3.4 家具企业新产品开发基本程序的制定

1. 草图设计

初步设计构思形成以后，需要用视觉化的语言表达出来。绘制草图的过程，就是构思方案的过程。方案草图是设计者对设计要求理解之后设计构思的形象表现，是捕捉设计者头脑中涌现出的设计构思形象的最好方法。

它不同于传统绘画中的速写，因为它不仅

只是单纯的记录和表达，而且也是设计师对其设计对象进行推敲和理解的过程。由于草图是对设计物大体形态的表现，不要求很深入，目的就是要扩大构思的量，在量中求质。

设计师对众多的方案草图进行分析、比较、优化，选择若干有发展前途的构思草图，进一步明确比例尺度，做细化处理，在草图的基础上进一步发展，如图6-2所示。

图 6-2 家具设计草图 (天津美术学院学生雷越章绘制)

图6-2所示为家具设计草图。草图是具体设计环节的第一步，是设计师将构思由抽象变为具象的一个十分重要的创造过程，它实现了由抽象思考到图解思考的转换，是设计师分析研究设计的一种方法。

2. 三视图绘制

这个阶段是进一步将展开后的方案具象化

的过程。三视图，即按比例以正投影法绘制的正立面图（也称为主视图）、侧立面图和俯视图。三视图由正立面图（家具的正投影所得）、侧立面图（家具的主要侧面投影所得）、俯视图（所画家具由上向下投影所得的图形）三个视图组成。

三视图应解决的问题是：第一，家具的形象按照比例绘出，要能看出它的体型、形态，以便进一步解决造型上的不足与矛盾；第二，要能反映主要的结构关系；第三，家具各部分所使用的材料要明确。在此基础上绘制出的透视效果图，则能使所设计的家具更加真实与生动，如图 6-3 所示。

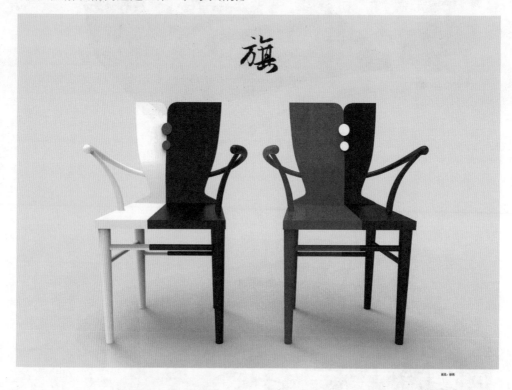

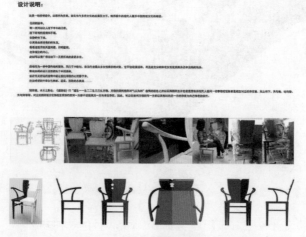

图 6-3　天津美术学院学生设计作品

在三视图中，正立面图反映家具的长和高，俯视图反映家具的长和宽，侧立面图反映家具的高和宽。由此得出三视图的特征：正立面图、俯视图长对正；正立面图、侧立面图高平齐；

俯视图、侧立面图宽相等，前后呼应。

3．设计的展开

　　设计方案的展开要和设计初期构思的切入

点结合起来。如设计初期构思主要是解决家具的功能问题，那么就应以针对功能为主塑造家具形态；如果在构思时主要是家具新材料的应用，那么在家具形态塑造时就以如何体现新材料的性能和优点为主，如图 6-4 所示。

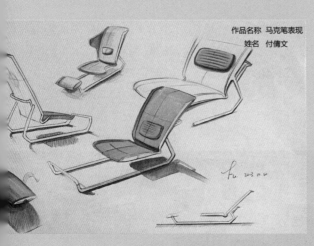

作品名称　马克笔表现
姓名　付倩文

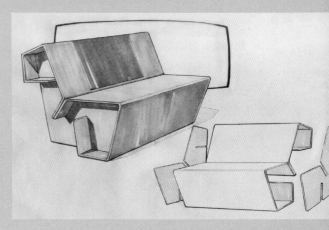

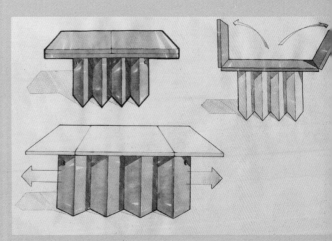

图 6-4　设计方案的展开（天津美术学院学生绘制）

设计方案的展开是在广泛收集各种相关参考资料的基础上，从设计各专业方面去完善设计草图，使之更为具象化。它包括构成家具的基本要素设计（功能、形态、色彩、结构、材料），人机工程学，加工工艺，技术支持等。

4. 模型制作

虽然三视图和透视效果图已经将设计意图充分表达了，但是，三视图和透视图都是纸面上的图形，而且是以一定的视点和方向绘制的，这就难免存在不全面和假象。因而，在家具设计的过程中，使用简单的材料和加工手段，按照一定的比例（通常是1：10或1：5），制作出工作模型是必要的。这里的模型是设计过程的一部分，是研究设计，推敲造型比例，确定结构方式和材料的选择与搭配的一种手段，如图6-5所示。

图6-5所示为家具工作模型。模型具有立体、真实的效果，可以多视点观察、审视家具的造型和结构，找出不足和问题，以便进一步加以解决，从而完善设计。

5. 完成设计方案

设计实施阶段就是设计创意的实现阶段，是在对设计方案进行反复分析、评价的基础上，运用一定的表现手法使设计意图得以实施的过程。

由构思开始直到完成设计工作模型，经过反复研究与讨论，不断修正，才能获得最佳的设计方案。设计者对于设计要求的理解、选用的材料、结构方式以及在此基础上形成的造型形式，它们之间的矛盾协调、处理和解决，设计者艺术观点的体现等，最终通过设计方案的确定而全面地得到反映。设计方案应包括以下几方面的内容：

（1）以家具制图方法表示出来的三视图、剖视图、局部详图和透视效果图；

（2）设计的文字说明；

（3）模型（根据需要，也可以没用）。

6. 制作实物模型

实物模型是在方案确定之后，制作1：1的实物模型，如图6-6、图6-7所示。制作实物模型是因为它具有研究、推敲、解决矛盾的作用。虽然许多矛盾和问题经过确定方案的全过程已经基本上解决了，但是，离实物和成批生产还有一定的差距。如造型是否全然满意，使用功

图 6-5　天津美术学院学生设计作品

能是否方便、舒适、结构是否完全合理，用料大小的一切细小尺寸是否适度，工艺是否简单，涂料色泽是否美观等，都要在制作实物模型的过程中最后完善和改进。目的是为最后的设计定型图纸提供依据，同时为后面的产品生产和投放市场提供测试原型。

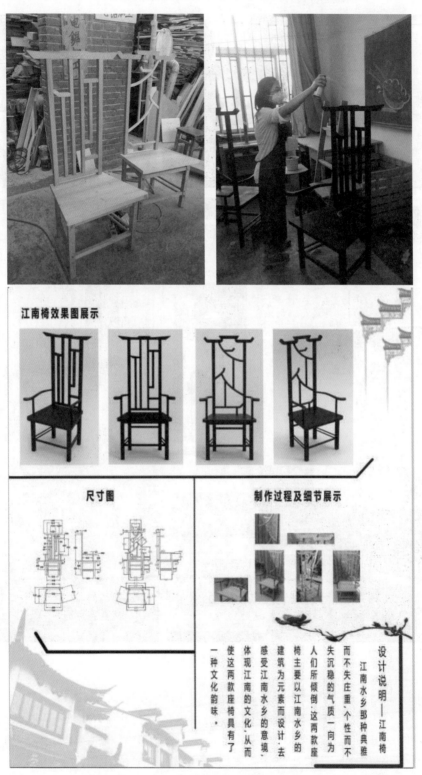

图 6-6　江南椅（天津美术学院学生杨亚设计）

设计说明：江南水乡那种典雅而不失庄重，个性而不失沉稳的气质一向为人们所倾倒。这两款座椅主要以江南水乡的建筑外轮廓为元素而设计，去感受江南水乡的意境，体现江南的文化，从而使这两款座椅具有了一种文化韵味。

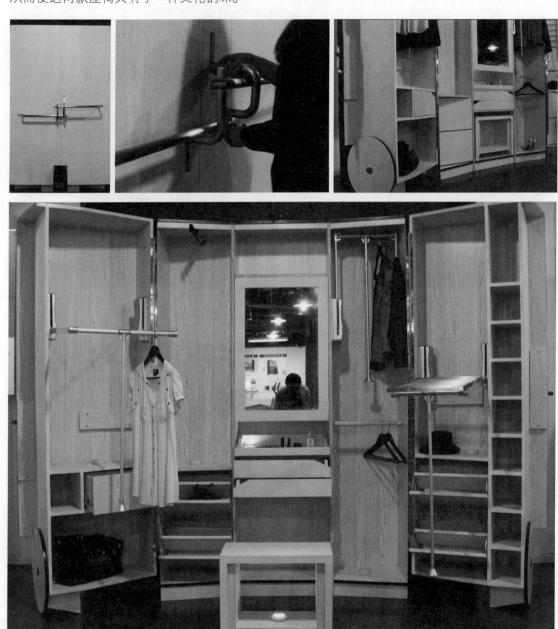

图 6-7　衣柜（天津美术学院学生李梦娇设计）

设计说明：这是一款衣柜设计。其中将门把手设计成了一个门闩样式的造型和结构，需要这个衣柜的主人按照一定的开启方式将其开合上锁。有一点小机关，有一点小趣味，关上门还可以挂衣服，打开来会立刻置身于一个小型衣帽间，柜门放置衣物，梳妆台、鞋柜可拆合凳子尽有，升降衣杆利用高空间。这个房中房、屋中屋使得出门前梳妆打扮的一切准备更井井有条。这是专属于你的私人定制。

进入 21 世纪，家家户户都有了属于自己的房子，也就是从这时候开始说起"私密空间"。当今的家装更多强调的是个性，家居环境已经不仅仅只是一方空间，更重要的是心灵得到舒缓和释放的平台。

对我们一般都会将储放的衣物放置于卧室或是将其安排到单独的一个房间内（即衣帽间），不会将其放到公共空间内；同时还有防尘的需要。另一个重要原因就是我们也将其视作是隐私的一部分。

"隐私"近些年常被人们提起，女性隐私更是越来越受到重视，不过在以前，女性地位不比当下，随着现代文明的不断进步，女性不再依附于谁，地位得到了很大的提升，拥有了属于自己的独立空间，这在以前是难以想象的事情。当然，物质生活随着社会生产的发展有了显著的改善，四世同堂的场面已不多见，多

出来的地方也为"私密空间"提供了客观条件。隐私意识不断提高。综合种种主客观和内外因条件，"私人定制"的概念越来越受到关注。

7. 设计制图

设计制图是将设计方案用机械制图原理绘制成生产用图纸，是家具生产的重要依据，是按照原轻工业部部颁家具制图标准来绘制的。它包括总装配图、零部件图、加工要求、材料等。设计方案按照家具的样式来绘制，以图纸的方式固定下来，以保证家具与样品的一致性和产品的质量。

在家具的实际设计过程中，科学化、条理化地遵循以上的这些步骤，可以起到事半功倍的作用，并能更好地抓住事物的本质，对设计出充分满足人们需求的家具产品起着极大的帮助。

6.4　家具设计实例分析

6.4.1　实例一："珊瑚椅"的实例分析

1. 创意分析

此设计受海洋珊瑚的启发，运用了基本形的重复、骨骼的重复、形状的重复、大小重复、

肌理的重复、方向的重复。重复中的基本形以简单为主。其中点、线、面的构成形象是物体可见的外部特征，如图 6-8 所示。

图 6-8　灵感来源

2. 造型与材料分析

座椅的整体造型模拟海底珊瑚。座面即海绵立柱的设计，用诸多抽象形态的简单几何体，重复排列整合为一体。重复是设计中常用的手法，给人以加强的印象，造成有规律的节奏感，使画面统一；同时利用基本形数量排列的多少，产生疏密、虚实、松紧的对比效果，使基本形在整个构图中可自由散布，有疏有密，产生动感和节奏感。整个家具造型通过这种抽象形态的模拟，经过联想浮现于脑海中，从而让人想到海底自由荡漾的珊瑚，呈现放松的心理状态，如图6-9所示。

图6-9 形体设计构想

家具以柔软的绒布、高密度中软海绵作为

座椅的材料，温暖、舒适、亲近自然，营造躺在棉花堆里一般的感觉，以尽情放松自己，如图6-10所示。

图6-10 质感的表现

3. 色彩及尺寸分析

家具的色彩以简洁、明快及令人感觉愉悦的色彩配置为主。一方面，整体上追求一种舒适的家居环境以表达乐观、向上、积极的生活状态；另一方面，成套色系的搭配方式取代单一式配色，成为新的时尚潮流。

座椅选择蓝色作为主体颜色，整体上追求

一种轻盈、自然、放松的感觉；另外，蓝色与白色搭配更显宁静，给人清爽与宁静的感觉。不同的色彩给人不同的感觉：蓝色代表安静，红色代表激情，紫色代表典雅，绿色代表自然。消费者可根据自己的喜好选择不同的色彩款式，如图 6-11 所示。

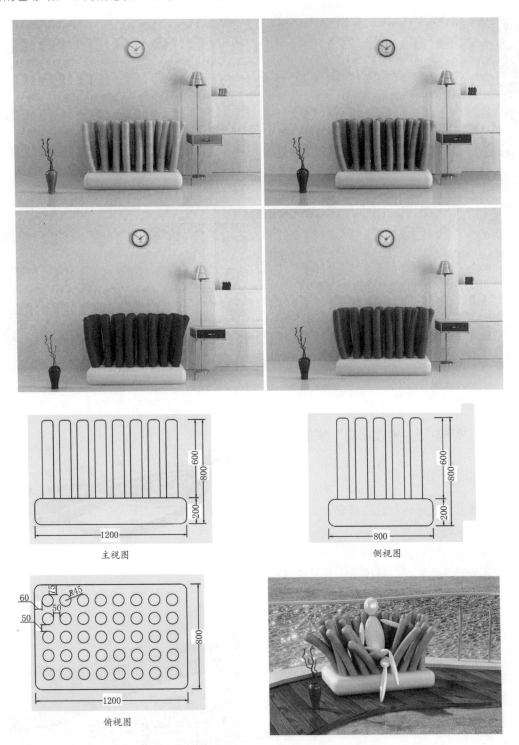

图 6-11　家具造型不同色彩的搭配

4. 实物模型

"珊瑚椅"实物模型如图 6-12 所示。

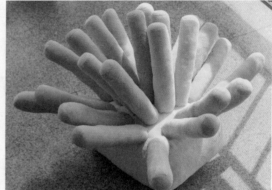

图 6-12 "珊瑚椅"实物模型

6.4.2 实例二："直立椅"实例分析

1. 创意分析

点、线、面是平面构成的基础。线是点运动的轨迹，又是面运动的起点。在几何学中，线只具有位置和长度；而在形态学中，线还具有宽度、形状、色彩、肌理等造型元素。构成是以数种以上的单元重新组合成为一个新的单元，所以"直立椅"的设计来源于相同形状、相同材质的不同重复，如图 6-13 所示。

图 6-13 灵感来源

2. 造型分析

任何物体都是点、线、面、体组成的，轮廓线决定着家具的基本形状，主导着家具的风格。简单的木条用分割与组合的方法，划分家具的立面，获得舒展安定的效果；垂直线因其刚强坚毅的情感特征，获得家具形态端庄、挺拔之感。

"直立椅"由许多木条制成，利用连续的线与线之间组合，形成一个有机的整体。通过单元叠积形成节奏感与韵律感，如图 6-14 所示。

图 6-13　灵感来源（续）

图 6-14　形体设计构想

任何椅子的基础都是一个可以用来坐上去的平面，由金属和白橡木组合而成的"直立"折叠椅，关键是利用不锈钢管连接各个结构部件，使部件可以自由转动，产生不同的角度变化，达到家具的扭曲与重构的效果，进而形成不同的视觉感受，如图 6-15 所示。

图 6-15　形体设计构

3. 实物模型

"直立椅"实体模型，如图 6-16 所示。

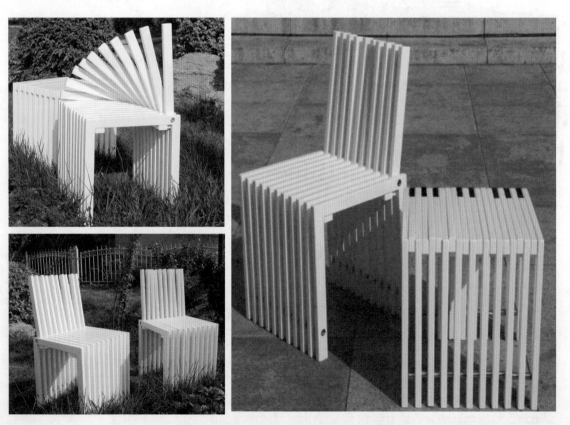

图 6-16　"直立椅"实体模型

本章小结

　　本章详细分析了家具设计的流程，并对每一阶段进行了详细的阐述，使读者了解到家具设计程序在不同阶段过程中是相互交错、相互联系的，是以整体设计为前提。搜索、生成备选方案的过程，是我们为了实现某一设计目的，对我们整个活动的策划安排。它是依照一定的科学规律安排合理的工作计划，每个计划都有自身要达到的目的，而各个计划的目的结合起来也就实现了整体的目的。

思考题

　　1. 家具设计的程序的包括哪些方面？

　　2. 市场调查的作用是什么？

课堂实训

　　1. 实地考察家具市场，任选一种家具（如板式家具），分析特点。

　　要求：罗列出相关的问题（外观、功能、质量、安全性、价格等），以问卷调查的形式对家具市场进行考察。统计问卷结果，写出专题调研报告，并得出科学的结论。

　　2. 结合具体的家具设计课题，完成一套完整的家具方案设计。

　　要求：设计草图、设计效果图、三视图、剖视图、设计说明，并以设计图纸为依据，制作出1：1的实物模型。

参考文献

[1] 康海飞.家具设计资料图集.上海：上海科学技术出版社，2008.

[2] 贾斯珀·莫里森，米凯莱·卢基等.家具设计.北京：中国建筑工业出版社，2005.

[3] 中国艺术品收藏鉴赏全集编委会.古典家具.吉林：吉林出版集团有限公司，2007.

[4] 张彬渊.现代家具和装饰—款式与风格.江苏：江苏科学技术出版社，1999.

[5] 孙亚峰.家具与陈设.南京：东南大学出版社，2005.

[6] 曾延放，覃丽芳，李宁.家具设计与制作.广西：广西科学技术出版社，1999.

[7] 张品.室内设计与景观艺术教程——室内篇.天津：天津大学出版社，2006.

[8] 于伸，万辉.家具造型艺术设计.北京：化学工业出版社，2009.

[9] 牟跃.家具与环境.北京：知识产权出版社，2005.

[10] 李凤崧.家具设计.北京：中国建筑工业出版社，1999.

[11] 费飞，刘宗明.家具设计.南京：东南大学出版社，2010.

[12] 吴智慧，李吉庆，袁哲.竹藤家具制作工艺.北京：中国林业出版社，2009.

[13] 吴智慧，徐伟.软体家具制作工艺.北京：中国林业出版社，2008.

[14] 李重根.金属家具工艺学.北京：化学工业出版社，2011.

[15] 孙祥明，史意勤.家具创意设计.北京：化学工业出版社，2010.

[16] 朱钟炎，王耀仁，王邦雄，朱保良.室内环境设计原理.上海：同济大学出版社，2003.

[17]《建筑师》编辑部."建筑师杯"首届全国家具设计大赛获奖作品集.北京：中国建筑工业出版社，2001.

[18] 陶涛，张星艳，张萍，等，家具设计与开发.北京：化学工业出版社，2011.

[19] 中华人民共和国国家质量监督检验检疫总局，中国国家标准化管理委员会.国家标准GB/T3326—1997 家具桌、椅、凳类主要尺寸.北京：中国标准出版社，1997.

[20] 刘静宇，家具设计基础.上海：东华大学出版社，2013.